산업응용수학의 기본

김영록 · 김준석 · 유창우 · 이승규

정다래 · 최용호 · 허영진 공저

KM 경문사

머리말

본 책은 산업수학의 가장 기초적인 예들을 소개함으로써 수학이 현대 사회 곳곳에서 어떻게 다양하게 쓰이는지 보이고자 한다. 이 교재의 내용은 학부 수업에 활용될 수 있으며, 대학원 수업에서도 본 내용을 토대로 조금 더 깊이 있게 학습할 수 있다. 본 책은 독자가 쉽게 접근할 수 있도록 가장 쉬운 수치기법을 이용하여 설명하고 있으며, 코드를 함께 덧붙여 동일한 수치결과를 얻을 수 있도록 돕고 있다.

이 책은 크게 6장으로 구성되어 있다. 먼저, 1장에서는 본 교재에서 사용될 기초적인 MATLAB 명령어를 소개하였다. 2장에서는 기본적인 수치해석 내용을 담아, 이 후 소개될 수치기법의 이해를 돕도록 하였다. 3장에서는 국내 금융시장에서 쉽게 볼 수 있는 주가연계증권인 ELS 상품의 기댓값을 몬테칼로 시뮬레이션으로 구하는 방법을 소개하였다. 4장에서는 의료 영상 분석 방법 중에 하나인 이미지 분할에 대한 상태장 방법에 관해 설명하였다. 5장은 수리생물의 대표적인 예로 전염병 모델 중의 하나인 SIR모델을 설명하였다. 마지막으로 6장에서는 대류확산 방정식을 소개함으로써 공기질 예측에 활용될 수 있음을 보였다. 아직이 책 곳곳에 부족하거나 미약한 부분이 많이 남아있으리라 생각된다. 원고 초안을 작성하며 참고한 문헌들의 문장들이 그대로 남아 있는 경우도 있을 것이다. 이 책으로 학습하면서 수정이 필요하거나 보충해야 할 부분에 관해 지적해주신다면, 다음 개정 호에 적극 반영하여 수정하고자 합니다. 이러한 일련의 과정이 본 산업수학 (Industrial Mathematics) 교재를 완전하게 만들어가는 과정이라 생각해 주시면 감사하겠습니다. 또한, 강의시 프레젠테이션이 용이하도록 폰트 사이즈와 한 페이지의 분량을 조절 하였습니다. 강의용 pdf파일이 필요하신분은 출판사를 통해서 받으시길 바랍니다. 본 교재는 고려대학교 BK21 PLUS 사업의 재정지원으로 작성되었습니다.

차 례

제 1 장

MATLAB 기초

MATLAB(www.mathworks.com)은 미국의 Math Works에서 만들어진 프로그램으로, 1984년에 소개된 이후 오늘날 전 세계 50만 이상이 사용하고 있다. MATLAB은 `MATrix+LABoratory`로서 행렬을 기본으로 최적화된 프로그램으로 알고리즘 개발이나 데이터 수치분석 혹은 시각화를 위해 개발된 공학용 소프트웨어이다.

1.1 MATLAB 기초

먼저, 본 장에서 MATLAB의 기본 언어들을 소개함으로써 이후 다른 장에 실린 코드의 이해를 높이고자 한다.

1.1.1 MATLAB 자료입력

MATLAB을 실행하면 명령창(command window)을 볼 수 있다. 그 명령창에서 다음에 소개된 명령어를 순서대로 입력하여 기본 언어를 익혀보자. >> 다음에 나온 언어를 입력하고 엔터키를 누르면 바로 아래에 나온 결과를 얻을 수 있을 것이다.

MATLAB 1.1.1

```
>> a = 1
a =
1
```

: a에 1을 대입한다. 이 후 a는 프로그램 내에서 1로 인지된다. 물론 다른 값으로 정의하면 a의 값을 바꿀 수 있다.

MATLAB 1.1.2

```
>> b=[1 2 3]
b =
      1     2     3
```

: b는 1행3열 행렬 (1×3)로 정의된다. 띄어쓰기를 통해 열을 표현할 수 있다.

MATLAB 1.1.3

```
>> b=[1;2;3]
b =
      1
      2
```

```
    3
```

: b는 3행1열 행렬 (3×1)로 정의된다. 위에서 정의된 b의 행렬이 새롭게 정의된다는 것을 확인할 수 있다. 또한, 세미콜론(;)을 이용하여 행을 구분할 수 있다.

MATLAB 1.1.4

```
>> c=b
c =
    1
    2
    3
```

: c는 b와 같은 행렬이 된다. 위에서부터 순차적으로 코드를 수행해왔다면, 이미 정의된 b의 행렬이 동일하게 c에 정의된다.

MATLAB 1.1.5

```
>> c=b'
c =
    1    2    3
```

: 프라임(')기호를 붙이면 전치행렬을 표현할 수 있다. 따라서, c는 b의 전치행렬이 되고, 1×3 행렬로 정의할 수 있다.

MATLAB 1.1.6

```
>> a=1;b=2,c=3;
b =
    2
```

: $a=1$, $b=2$, $c=3$ 값이 순차적으로 대입된다. 세미콜론(;)이 붙은 a와 c는 화면에 출력 되지 않고 ;이 붙지 않은 b만 화면에 출력된다. 또한, 한 줄에 여러 명령어를 수행할 때 콤마(,)를 사용한다.

MATLAB 1.1.7

```
>> A=[1 2 3; 4 5 6]
A =
     1     2     3
     4     5     6
```

: 띄어쓰기와 세미콜론(;)을 사용하면 다양한 크기의 행렬을 만들 수 있다. 위에서 정의한 A는 2행 3열 행렬이 된다.

MATLAB 1.1.8

```
>> A'
ans =
     1     4
     2     5
     3     6
```

: 프라임(') 기호를 붙임으로 A'는 A의 전치행렬이 된다.

MATLAB 1.1.9

```
>> A(1,3)
ans =
     3
```

: 행렬의 원소를 출력하고자 하면 정의된 행렬를 쓰고 괄호 안에 그 원소의 위치를 입력하면 된다. A(1,3)은 A의 1행 3열 원소 값인 3을 출력한다.

MATLAB 1.1.10

```
>> A(2,3)
ans =
     6
```

: A의 2행 3열 원소값을 보여준다.

MATLAB 1.1.11

```
>> 2*3
ans =
     6
```

: 곱하기는 $*$기호를 사용하여 정의할 수 있고, 위의 명령어는 2×3의 계산값 6을 출력한다. 이 값은 ans라는 변수에 정의된다.

MATLAB 1.1.12

```
>> ans
ans =
     6
```

: 앞에서 정의된 ans라는 변수는 6으로 정의되어 있음을 확인할 수 있다. 특정 변수로 지정하지 않으면 가장 마지막 출력 값은 default로 ans에 정의된다.

MATLAB 1.1.13

```
>> ans+6
ans =
     12
>> clear
```

: ans에 정의된 값 6에 6을 더하는 명령문이 되고 결과는 12로 출력되며 이는 ans라는 변수에 재 정의된다. 이 후 clear를 입력하면 ans라는 변수는 삭제된다.

MATLAB 1.1.14

```
>> b = [1 2 3];
>> b.^2
ans =
     1     4     9
>> b.^3
ans =
     1     8    27
```

: 행렬 b를 정의한다. 세미콜론(;)을 사용하면 결과는 출력되지 않는다. 꺽쇠 기호(^)는 거듭제곱을 정의할 때 사용한다. 행렬의 각 원소들에 대해 거듭제곱 연산을 정의하고자 한다면 .을 붙여 .^로 사용한다.

MATLAB 1.1.15

```
>> a=[7 8 9];
>> a.*b
ans =
     7    16    27
```

: b행렬과 동일한 크기의 a 행렬을 새롭게 정의하자. 위에서와 마찬가지로 곱하기 연산 앞에 .을 붙이면 행렬의 각 원소에 대해 각각 곱하기가 적용된다. 즉, $[1\times 7 \quad 2\times 8 \quad 3\times 9]$을 실행하여 $[7 \quad 16 \quad 27]$의 결과를 얻게 된다.

MATLAB 1.1.16

```
>> a*b'
ans =
     50
```

: .없이 곱하기 연산을 쓰면 행렬의 내적(inner product)이 정의된다. 단, 주의할 점은 행렬의 내적이 정의되도록 행렬의 크기가 정의되어야 한다는 점이다. 따라서, 내적이 가능하도록 b 행렬의 전치행렬이 이용되었다.

MATLAB 1.1.17

```
>> zeros(1,3)
ans =
     0     0     0
```

: zeros를 이용하여 원소가 모두 0인 행렬을 만들 수 있다. 위의 명령어를 이용하면 크기가 1행 3열인 영벡터를 만들 수 있다.

MATLAB 1.1.18

```
>> a = zeros(4,5)
a =
     0     0     0     0     0
     0     0     0     0     0
     0     0     0     0     0
     0     0     0     0     0
```

: 위의 zeros를 이용하여 4×5 영행렬을 만들 수 있다.

MATLAB 1.1.19

```
>> a=2; A=3;
>> a
a =
     2
```

: MATLAB은 대소문자를 구분하므로 다양한 변수의 정의가 가능하다.

MATLAB 1.1.20

```
>> A=[1 2 3; 4 5 6; 7 8 9];
>> sum(A)
ans =
    12    15    18
```

: sum명령어를 사용하면 행렬의 각 열 원소들의 합을 계산할 수 있다. 위의 예는 $1+4+7=12$, $2+5+8=15$, $3+6+9=18$이 출력된다.

MATLAB 1.1.21

```
>> sum(A')
ans =
     6    15    24
```

: A의 전치행렬을 이용하면 결과는 A 행렬의 각 행에 나온 원소들의 합으로 출력될 것이다. 즉, $1+2+3=6$, $4+5+6=15$, $7+8+9=24$가 출력된다.

MATLAB 1.1.22

```
>> sum(sum(A))
ans =
    45
```

: sum 명령어를 연속 적용하면 행렬 A의 모든 원소의 합을 얻을 수 있다.

MATLAB 1.1.23

```
>> b=[1 2 3];
>> sum(b)
ans =
     6
```

: 만약, 주어진 행렬이 행벡터라면 default로 sum은 행벡터의 모든 원소의 합을 결과로 출력한다.

MATLAB 1.1.24

```
>> A=[1 2;3 4]
A =
     1     2
     3     4
>> B=[5 6;7 8]
B =
     5     6
     7     8
```

: 정방행렬 A와 B를 정의하자.

MATLAB 1.1.25

```
>> A+B
ans =
      6      8
     10     12
```

: 행렬 A와 B의 합을 출력한다. 참고로, 두 행렬의 크기가 동일해야지 연산가능하다.

MATLAB 1.1.26

```
>> A-B
ans =
    -4    -4
    -4    -4
```

: 행렬 A와 B의 차를 출력한다.

MATLAB 1.1.27

```
>> ones(2,2)
ans =
     1     1
     1     1
```

: ones라는 명령어를 사용하면 정의된 행렬의 모든 원소를 1로 정의할 수 있다. 위의 구문을 실행하면 2 행렬의 원소가 모두 1인 행렬이 정의된다.

MATLAB 1.1.28

```
>> A + 2*ones(2,2)
ans =
```

```
     3     4
     5     6
>> A + 2
ans =
     3     4
     5     6
```

: 행렬 A에 상수 2를 더하면 default로 행렬 A의 각 원소에 모두 2씩 더한 값을 출력한다. ones명령어를 적용한 결과와 동일함을 확인하자.

MATLAB 1.1.29

```
>> size(A)
ans =
     2     2
```

: size는 특정 변수나 행렬의 크기를 출력하는 명령어이다. 위에서 정의된 행렬 A는 2×2이므로 결과도 2 2로 출력된다.

MATLAB 1.1.30

```
>> min(1, 2)
ans =
     1
>> A = [1 -2; 3 4];
   B = [3 4; 1 0];
   min(A, B)
ans =
     1    -2
     1     0
```

: min은 두 원소를 비교하여 작은 값을 출력하는 명령어이다. 만약, 위와 같이 min(A,B)이 행렬이 들어간다면 두 행렬의 각 원소끼리 비교하여 작은 값을 출력한다. 따라서 결과는 4×4가 나오게 된다.

MATLAB 1.1.31

```
>> min(min(A,B))
ans =
     1    -2
```

: 만약, 위의 명령문에 min을 한 번 더 취하게 되면 각 열의 최솟값을 출력하게 된다.

MATLAB 1.1.32

```
>>  A = [1 -2; 3 4];
    B = [3 4; 1 0];
>>  max(A,B)
ans =
     3     4
     3     4
```

: max명령어를 통해 최댓값을 얻을 수 있다.

MATLAB 1.1.33

```
>> max(max(A,B))
ans =
     3     4
```

: 앞에서와 비슷하게 max를 한 번 더 취하여 각 열의 최댓값이 출력된다.
행렬의 일부나 전체를 불러오는 표현을 배워보자.

MATLAB 1.1.34

```
>> A = [1 1 1 1; 2 2 2 2; 3 3 3 3; 4 4 4 4]
A =
     1     1     1     1
```

```
    2    2    2    2
    3    3    3    3
    4    4    4    4
>> A(2, 1:4)
ans =
    2    2    2    2
>> A(2, 1:end)
ans =
    2    2    2    2
>> A(2,:)
ans =
    2    2    2    2
```

: 위의 MATLAB 코드에서 볼 수 있듯이 세 개의 표현은 모두 동일한 표현임을 알 수 있을 것이다. 모두 A 행렬의 2행의 1열부터 끝까지의 원소를 나열하라는 것으로 여기서 사용된 end은 행렬의 크기의 끝을 나타내며, :은 행렬에서 전체를 나타내는 표현이다.

MATLAB 1.1.35

```
>> mod(10, 4)
ans =
     2
```

: 명령어 mod는 나머지를 출력한다. 예를 들어,

$$10 = 4 * 2 + 2$$

의 계산을 MATLAB에서 mod을 사용하면 나머지 2를 출력하게 된다.

1.1.2 MATLAB 기타명령어

1. 도움말(help) : 명령어의 기능을 알고자 할때 'help + 명령어'를 Command Window에 입력하면 해당 명령어의 기능을 알 수 있다.

MATLAB 1.1.36

```
>>help plot
   plot   Linear plot.
   plot(X,Y) plots vector Y versus vector X. ...
```

2. 명령어 나열(,) : 두 개 이상의 명령어를 한 줄에 표현하려면 콤마(,)를 이용하여 구분한다.

3. 줄넘기기(...): 명령어가 너무 길 경우 다음 줄에 연속해서 정의하고 싶을 때 사용 (Command Window에서도 사용가능)한다.

MATLAB 1.1.37

```
>> plot(x,y,'--rs','LineWidth',2,...
     'MarkerEdgeColor','k',...
     'MarkerSize',10)
```

4. 출력여부(;) : Command Window 상에서 명령어를 실행하면 화면에 결과가 출력되지만, 세미콜론(;)을 입력하여 실행하면 출력되지 않고 workspace에만 저장된다.

MATLAB 1.1.38

```
>> a=1;b=2;c=3;
```

5. 주석(%) : 명령어의 앞에 %를 입력하면 주석으로 처리된다.

6. 화면정리(clc): clc 명령어를 입력하고 엔터를 치면 Command Window에 표시되었던 모든 내용들이 지워짐

7. 화면정리(clf) : clf 명령어를 입력하고 엔터를 치면 Figure에 나타난 모든 그림이 지워진다.

8. 변수삭제(clear) : 변수 및 배열에 할당된 값들 모두 삭제한다.

    - 모든 변수를 삭제 : clear all
    - 특정 변수만을 삭제 : clear **특정변수**

9. 변수나열(whos) : 정의된 모든 변수들의 size를 보여준다.

MATLAB 1.1.39

```
>> whos
 Name Size Bytes Class  Attributes
  a    1x3    24 double
  ans  1x3    24 double
  b    1x3    24 double
  c    1x1     8 double
  d    2x3    48 double
```

```
>> whos a
 Name Size Bytes Class  Attributes
  a    1x3    24 double
```

10. 부분 실행(return) : return 입력 기준으로 윗 부분만 실행된다. 주로 코드의 오류를 찾을 때 사용된다.

11. 실행종료(exit, quit) : MATLAB을 종료할때 사용한다.

참고로, Command window에 help plot을 입력 했을 시 다음과 같은 설명을 볼 수 있다.

MATLAB 1.1.40

```
>> help plot
 plot   Linear plot.
    plot(X,Y) plots vector Y versus vector X. If X or Y is
    a matrix, then the vector is plotted versus the rows or
    columns of the matrix, whichever line up.  If X is a
    scalar and Y is a vector, disconnected line objects are
    created and plotted as discrete points vertically at X.

    plot(Y) plots the columns of Y versus their index.
    If Y is complex, plot(Y) is equivalent to
    plot(real(Y),imag(Y)).
    In all other uses of plot, the imaginary part is ignored.

    Various line types, plot symbols and colors may be obtained
    with plot(X,Y,S) where S is a character string made from
    one element from any or all the following 3 columns:

     b     blue          .     point              -     solid
     g     green         o     circle             :     dotted
```

```
r     red          x     x-mark              -.      dashdot
c     cyan         +     plus                --      dashed
m     magenta      *     star              (none)    no line
y     yellow       s     square
k     black        d     diamond
w     white        v     triangle (down)
                   ^     triangle (up)
                   <     triangle (left)
                   >     triangle (right)
                   p     pentagram
                   h     hexagram

For example, plot(X,Y,'c+:') plots a cyan dotted line
with a plus at each data point; plot(X,Y,'bd') plots blue
diamond at each data point but does not draw any line.

plot(X1,Y1,S1,X2,Y2,S2,X3,Y3,S3,...) combines the plots
defined by the (X,Y,S) triples, where the X's and Y's
are vectors or matrices and the S's are strings.

For example, plot(X,Y,'y-',X,Y,'go') plots the data
twice, with a solid yellow line interpolating green
circles at the data points.

The plot command, if no color is specified, makes
automatic use of the colors specified by the axes
ColorOrder property.  By default, plot cycles through
the colors in the ColorOrder property.  For monochrome
systems, plot cycles over the axes LineStyleOrder
property.

Note that RGB colors in the ColorOrder property may
differ from similarly-named colors in the (X,Y,S) triples.
For example, the second axes ColorOrder property is medium
```

```
green with RGB [0 .5 0],
while plot(X,Y,'g') plots a green line with RGB [0 1 0].

If you do not specify a marker type, plot uses no marker.
If you do not specify a line style, plot uses a solid line.

plot(AX,...) plots into the axes with handle AX.

plot returns a column vector of handles to lineseries
objects, one handle per plotted line.

The X,Y pairs, or X,Y,S triples, can be followed by
parameter/value pairs to specify additional properties
of the lines. For example, plot(X,Y,'LineWidth',2,'Color',
[.6 0 0]) will create a plot with a dark red line width
of 2 points.

Example
 x = -pi:pi/10:pi;
 y = tan(sin(x)) - sin(tan(x));
 plot(x,y,'--rs','LineWidth',2,...
     'MarkerEdgeColor','k','MarkerFaceColor','g',...
     'MarkerSize',10)
```

1.2 M-file 만들기

MATLAB을 이용하여 원하는 기능을 수행하는 방법은 크게 두 가지로 구분된다. 첫 번째는 [그림 1.1]에서 보이는 Command Window에

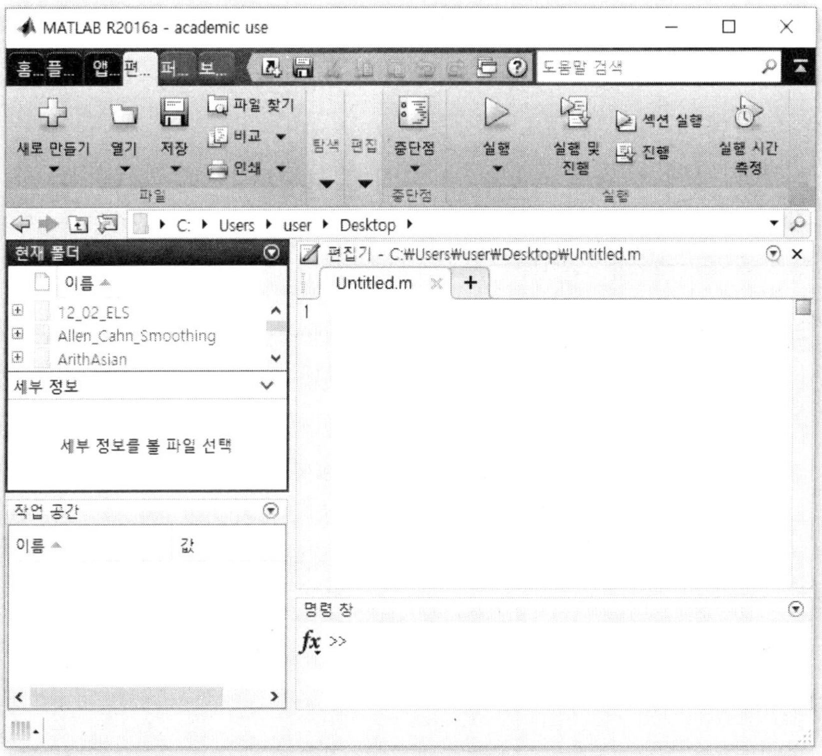

그림 1.1 MATLAB 창

직접 명령어를 입력하는 방법이다. 두 번째는 Script파일을 이용하는

것으로, 많은 명령어를 한 번에 실행하고자 할 때 사용한다. MATLAB에서 사용하는 파일을 보통 M-file이라고 부르며 파일의 확장자는 *.m으로 저장된다. 이러한 M-file은 스크립트에 있는 명령어들이 차례대로 Command Window에서 실행될 수 있도록 한다. M-file을 만드는 방법은 [그림 1.2]를 참고하자.

메뉴에서 File → New → M-File을 클릭해도 좋다. 이제 만들어진 Editor에 원하는 명령어를 순서대로 쓰고 Save and Run을 하려면 단축키 F5를 누르면 된다.

실제로 아래 문장을 Editor에 적어넣고 단축키 F5를 눌러보자. 이 때, 파일 이름은 원하는 이름으로 쓰고 저장하면 된다. 실행 후 결과는 >> c = 3이 출력될 것이다.

MATLAB 1.2.1

```
>> a = 1;
   b = 2;
   c = a+b
```

위의 문장을 Editor에 적어 넣고, 단축키 F5를 누르자. 파일이름은 원하는 이름으로 쓰고 저장하면 원하는 결과를 얻을 수 있게 된다.

다음 절부터는 본 교재에서 자주 사용될 MATLAB 용어들을 설명하고자 한다.

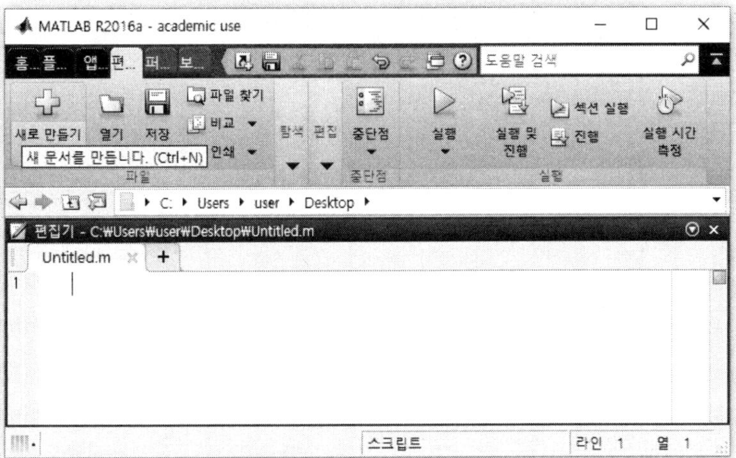

New M-file 버튼을 누르면 m-file이 만들어진다.

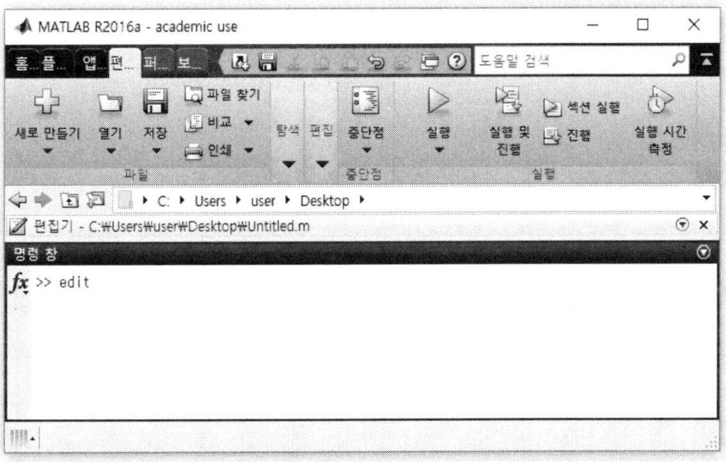

Command Window 에 edit이라고 쓰면 m-file이 생성된다.

그림 1.2 MATLAB에서 m-file만들기

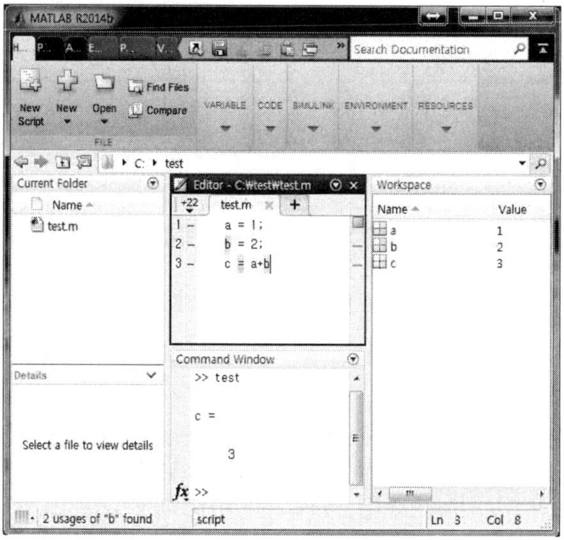

그림 1.3 MATLAB창

1.3 for ~ end 문

'for' 문은 'end' 문과 짝을 이루어 사용된다. 'for' 문과 같은 행에 있는 변수의 값을 초기값부터 증분의 크기만큼 누적시키면서 최종값에 도달된 때까지 'for' 문과 'end' 문 사이 문장의 명령을 수행한다. 증분이 '1' 인 경우에는 '증분 :' 을 생략해도 무방하다.

MATLAB 1.3.1

for 변수명=초기값 :(증분 :) 최종값
문장
end

예제 1.3.1 for ~ end 프로그램

MATLAB 1.3.2

```
for x=0:0.5:1
  a=2^x
end
for k=5:-2:1
  b=k
end
```

[프로그램 실행결과]

MATLAB 1.3.3

```
a = 1 a = 1.4142 a = 2 b = 5 b = 3 b = 1
```

1.4 if ~ elseif ~ else ~ end 문

여러 가지 조건에 따라 각각 다른 명령을 실행하고자 할 때, 'if ~ elseif ~ else ~ end 문'을 사용한다. 아래 보기처럼 조건 **1**이 참이면 문장 **1**이 수행되고, 조건 **1**이 거짓이고, 조건 **2**가 동시에 참이 될 때 문장 **2**가 수행된다. 만약 조건 **2**까지 거짓이라면 조건문을 빠져 나와서 문장 **3**이 수행된다.

MATLAB 1.4.1

if 조건**1**
문장 **1**
elseif 조건 **2**
문장 **2**
else
문장 **3**
end

예제 1.4.1 if ~ else ~ end 문 프로그램

MATLAB 1.4.2

```
a=3; if a<1
    b=a+1
else
    c=a+2
end
```

[프로그램 실행결과]

MATLAB 1.4.3

```
c = 5
```

1.5 while ~ end 문

'while' 문은 'end' 문과 짝을 이루어 사용된다. 'while' 문과 같은 행에 있는 조건이 참이면 'while' 문과 'end' 문 사이에 있는 문장의 명령을 반복적으로 수행한다.

MATLAB 1.5.1

```
while 조건
문장
end
```

예제 1.5.1 while ~ end 문 프로그램

```
a=1; while a<4
   a=a+1
end
```

[프로그램 실행결과]

MATLAB 1.5.2

```
a =  2 a =  3 a =  4
```

1.6 linspace 문

'linspace'는 a와 b사이의 간격이 동일한 n개의 벡터를 만드는 데 사용된다. 다음 예제를 통해 linspace 명령문의 사용법을 알아보자.

MATLAB 1.6.1

```
linspace(a,b,n)
linspace(시작점, 끝점, 점의 총수)
```

예제 1.6.1 linspace 문 프로그램

```
x = linspace(0,5,6), y = linspace(-1,1,5)
```

[프로그램 실행결과]

MATLAB 1.6.2

```
x =   0    1    2    3    4    5  y =  -1  -0.5   0    0.5   1
```

1.7 plot 문

실행결과를 2차원 그래프로 나타내고자 할 때 사용된다. 'plot' 문을 사용하기 위해서 2개의 변수가 필요하며 각 변수는 같은 크기의 1차원 배열(벡터)이어야 한다.

- `plot(X,Y)`
  x축은 X, y축은 Y를 값으로 갖는 2차원 그래프를 보여준다.

- `plot(Y)`
  x축의 값을 주지 않으면 default로 x축은 index값을, y축은 Y를 값으로 하는 2차원 그래프를 보여준다

- `plot(X,Y,S)`
  S는 선의 종류, 심볼(symbol) 또는 색을 나타낼 수 있는 옵션값이다.

- `plot (X1,Y1,S1,X2,Y2,S2,X3,Y3,S3,...)`
  X, Y가 벡터나 배열일 때 여러 값들을 한 번에 같이 나타낼 수 있다.

- `hold`
  전에 그렸던 그림에 또 다른 그림을 겹쳐서 그리고 싶을때 hold 또는 hold on을 사용하고 해제하고 싶을 때 hold off를 사용한다.

- `xlabel('x축이름','fontsize',숫자,'rotation',각도)`, `ylabel()`, `zlabel()`
  plot을 이용해서 그림을 그렸을 때 각 축의 이름을 지정할 수 있다. 또한, 'fontsize'와 뒤에 쓸 숫자를 이용해서 각 축의 숫자 크기를 정의할 수 있고 'rotation'과 뒤에 정의되는 숫자에 의해 각 축의 이름을 시계반대 방향으로 주어진 숫자 각도만큼 회전 시킬

수 있다. 예를 들어, ylabel(`y',`rotation',0)를 입력하면 y 축의 이름이 y로 보일 것이다.

- title('그림의 제목')
  그림의 제목을 지정할 수 있다.

- grid
  그림에 격자를 그려 넣을 수 있다.

- legend('첫번째 그래프의 이름','두번째 그래프의 이름',...)
  그림 안에 박스를 만들어서 각 그래프가 무엇을 가리키는지 지정할 수 있다. 또한 legend 마지막에 1부터 4까지 숫자를 써주면 각 숫자에 해당하는 사분면에 박스를 넣을 수 있다.

- set(gca)
  set(gca)함수는 축을 조정해주는 함수이다. 만약, set(gca,`YTick', 벡터)를 써주면 $y$축에 정의된 각 벡터의 원소만 표시된다. 또한 set(gca,`fontsize',숫자)를 써주면 축들의 값의 크기가 해당 숫자 크기로 보여진다.

- axis
  axis를 이용하면 Figure에 나타내고자 하는 그림의 축의 범위를 지정 할 수 있다. 예를 들어, axis([x축 최솟값 x축 최댓값 y축 최솟값 y축 최댓값])를 이용하면 Figure에 나타난 그림을 지정한 값으로 한정시켜준다. 또한, axis tight를 이용하면 가지고 있는

색상		모양		라인	
b	Blue	.	Point	-	Solid
g	Green	o	Circle	:	Dotted
r	Red	x	x mark	-.	Dashdot
c	Cyan	+	Plus	–	Dashed
m	Magenta	*	Star	(none)	No line
y	Yellow	s	Square		
k	Black	d	Diamond		
w	White	v	Triangle(down)		
		^	Triangle(up)		
		<	Triangle(left)		
		>	Triangle(right)		

그림 1.4 Plot 명령어의 옵션

데이터의 범위만큼 그림을 한정시켜주고, `axis image`를 이용하면 각 축의 단위를 1 : 1 비율로 맞춰준다.

예를 들어, `plot(x,sin(x),'k--',x, cos(x),'ko')`를 실행하면, 그림 1.5 결과를 얻게 된다. 이는 y축의 값을 $\sin(x)$, $\cos(x)$로 하는 두 개의 그래프를 나타내며, 첫번째 $\sin(x)$는 검은색의 점선으로, $\cos(x)$는 검은색 원으로 표현된다. (MATLAB1.7.1, 그림 1.5 참고)

MATLAB 1.7.1

```
 x = 0:pi/10:2*pi; y = sin(x);
x=linspace(0,7,25);
plot(x,sin(x),'k--',x, cos(x),'ko')
```

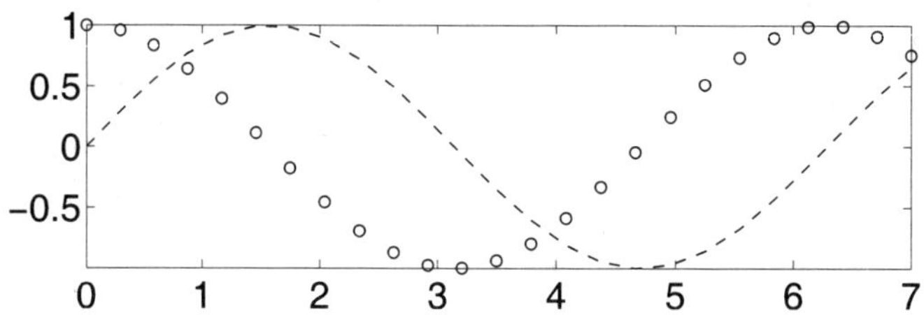

그림 1.5 plot문 옵션을 이용한 프로그램 실행결과

예제 1.7.1 plot 문 프로그램

MATLAB 1.7.2

```
clear; x=linspace(0,2,20); y1=exp(x); y2=5*x;
plot(x,y1,`k-',x,y2,`ko'); legend(`exp(x)',`5x');
grid xlabel(`X axis'); ylabel(`Y axis'); title(`Graph');
```

위 코드는 plot, xlabel, ylabel, title, grid, legend를 사용한 코드로 이를 실행시키면, [그림 1.6]를 얻을 수 있다.

[프로그램 실행결과]

1.8 MATLAB에서 제공하는 함수들

MATLAB에는 사용자가 편리하게 사용할 수 있도록 미리 만들어져 제공되는 유용한 함수들이 있다. 이 책에서 주로 쓰일 함수들을 몇가지 소개하고자 한다.

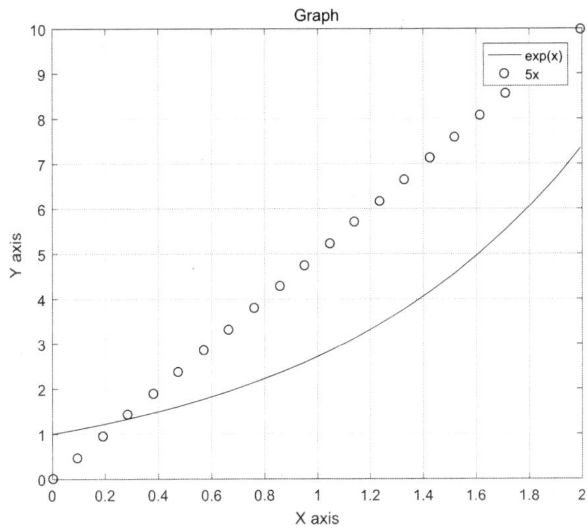

그림 1.6 명령어 plot, xlabel, ylabel, title, grid, legend를 사용한 코드의 실행 결과

1.8.1 분포에 관련된 함수

1. 균일분포

MATLAB에서 `rand()` 명령어는 0과 1사이에서 균일분포를 따르는 무작위 수를 생성한다. `rand(N)`은 $N \times N$ 행렬로 이루어진 $(0, 1)$ 사이 무작위수를 생성한다. `rand(M,N)`은 $M \times N$ 행렬로 이루어진 무작위 수를 생성한다. `` rand(`seed',n) ``는 무작위 수 생성에 관여하는 random seed를 `n`으로 고정함으로써 생성되는 값을 조정할 수 있다. 여기서, 정의된 `n`은 난수 생성 알고리즘을 시작하는 수를 의미한다.

2. 정규분포

`randn()` 명령어는 표준정규분포(standard normal distribution)를 따

르는 무작위 숫자를 생성한다. randn(M,N)의 경우 $M \times N$ 행렬로 이루어진 표준정규분포를 따르는 무작위 수를 생성한다. randn(`seed',n)을 정해주면 임의의 정수 n을 seed값으로 가지고, 표준정규분포를 따르는 무작위 수를 생성하게 된다. 정규분포의 확률분포함수 (PDF: probability distribution function)값을 알고 싶다면 normpdf(X, μ, σ)를 사용해서 정규분포의 평균이 μ이고 표준편차가 σ일때의 X에 해당하는 PDF 값을 알 수 있다. 또한 정규분포의 누적확률분포 (CDF: cumulative distribution function)을 계산하고 싶다면 normcdf(X, μ,σ)를 이용하여 정규분포의 평균이 μ이고 표준편차가 σ일 때의 X에 해당하는 CDF 값을 얻을 수 있다. norminv(P, μ , σ)를 사용하면 정규분포의 평균이 μ이고 표준편차가 σ일 때의 P 확률에 해당하는 X값을 알 수 있다.

다음 MATLAB 코드는 난수 생성 명령어를 이용하여, 기하 브라운 운동 (Geometric Brownian Motion)을 따르는 주가를 생성하는 것이다. 무위험 이자율이 0.0265이고 변동성이 0.3이고 현재주가가 257.3일 때, 3개월 동안의 주가의 움직임은 다음과 같이 표현된다. 자세한 내용은 3장을 참고하길 바란다.

MATLAB 1.8.1

```
%% S_Motion.m
clear all; clc; clf;
r = 0.0265; %
sigma = 0.3; %
S(1) = 257.3; %
T = 1/4; %
```

```
dt = 1/360; %
N = T/dt;%
for k = 1:100
    for i = 1:N
        S(i+1) = S(i)*exp((r - 0.5*sigma^2)*dt...
            + sigma*sqrt(dt)*randn(1));
    end
    plot(S, '-')
    hold on
end
axis([0 N+1 150 410])
```

위의 MATLAB 코드를 실행하면 [그림 1.7]에서 볼 수 있는 것과 같은 결과를 얻을 수 있다.

1.8.2 interp1() 함수

MATLAB에는 데이터의 보간을 할 수 있는 함수 `interp1()`이 내장되어 있다. 이 함수를 통해 외삽법과 내삽법을 모두 구현할 수 있다. 내삽법은 주어진 데이터의 구간 내에서 보간을 할 때 외삽법은 주어진 데이터 구간 밖에서 보간을 할 때 각각 사용되는 기법이다. 예를 들어, 데이터가 다음과 같이 sin 함수에 의해 주어졌다고 하자:

$$\{ \sin(x) \mid x = 0,\ \pi/10,\ 2\pi/10,\ \cdots,\ 2\pi \}$$

만약, 위의 주어진 데이터만을 사용하여 $x = 0.2,\ 3.5,\ 6$일 때의 $\sin(x)$의 값을 알고 싶다면 내삽법을 이용하면 된다. 사용법은 `interp1(시`

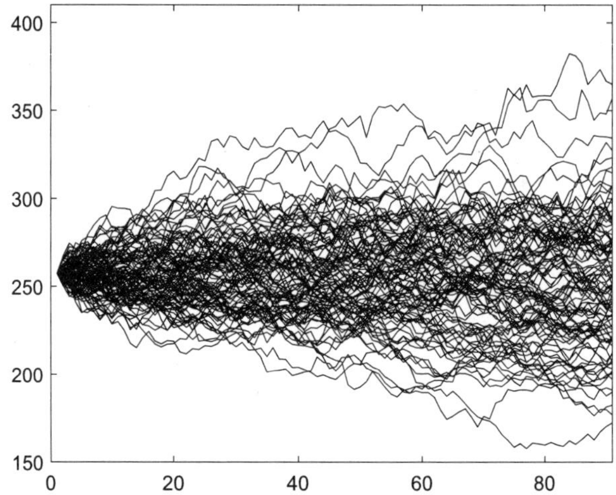

그림 1.7 S_Motion.m의 코드 실행결과

뮬레이션 정의역, 시뮬레이션 정의역에 대한 값, 보간하고자 하는 값, '보간 방법')이다. 보간 방법을 기입하지 않는다면 default로 선형보간을 하게된다. 또한, $x = -0.1,\ 6.4$에서의 $\sin(x)$의 값을 알고 싶다면 외삽법을 이용하여야 하는데, 사용법은 `interp1`(시뮬레이션 정의역, 시뮬레이션 정의역에 대한 값, 보간하고자 하는 값, '보간 방법',`'extrap'`)를 입력하면 된다. 내삽법의 문구에서 추가로 `'extrap'`를 더하면 된다. 다음 MATLAB 코드 `interp.m`은 선형 내삽법과 구간별 삼차 허마이트 보간법을 사용해서 sin함수의 값을 구한 것이다.

MATLAB 1.8.2

```
% interp.m
clc; clear; clf;
x = 0:pi/10:2*pi; y = sin(x);
```

```
a = [0.2 3.5 6];      % linear interpolation
b = interp1(x,y,a); % linear interpolation
c = [-0.1 6.4];       % extrapolation
d = interp1(x,y,c,'pchip','extrap'); % extrapolation
plot(x, y, 'ko', a, b, 'k^', c, d,'k+')
legend('sin(x)','interpolation','extrapolation')
axis([-0.5 7 -1 1]); box on
```

위 MATLAB 코드 interp.m을 실행하면 [그림 1.8]을 얻을 수 있다.

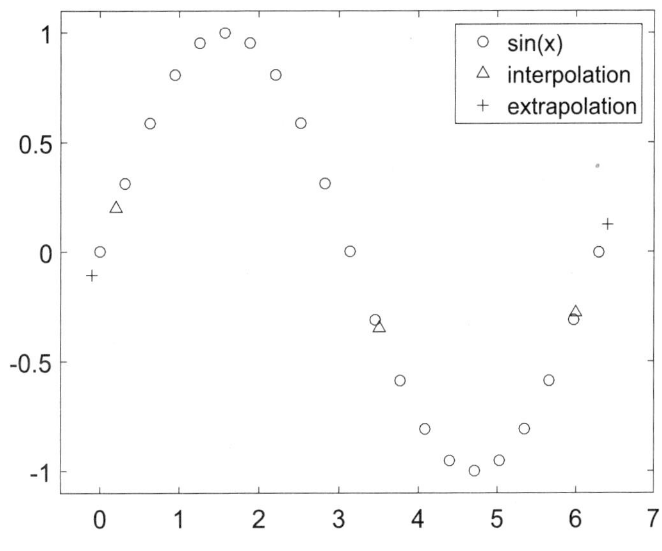

그림 1.8 interp.m 코드 실행시 나오는 결과

1.8.3 반올림

round(m)는 주어진 숫자(m)를 소수 첫째 자리에서 반올림하는 명령어이다. 반대로 ceil(m)는 주어진 숫자(m)를 소수 첫째 자리에서 올림한다. 또한, floor(m)는 숫자(m)를 소수 첫째 자리에서 내림한다.

1.8.4 벡터와 행렬에 관한 함수

본 교재에서는 벡터나 행렬을 사용하는 계산이 많이 제시되어 있다. 따라서, 간단하게 벡터 혹은 행렬에 관한 함수들을 소개하고자 한다. 특정 값을 갖는 행렬을 생성하는 함수로 zeros(N,M)과 ones(N,M)이 있으며, 이들은 각각 $N \times M$ 행렬을 만들어 행렬의 모든 원소를 0 혹은 1로 채우는 명령어이다. length(x)는 벡터 x의 원소의 개수를 나타내준다. diff(x)는 주어진 벡터 x의 연속된 원소의 차이를 벡터열로 나타내준다. find(조건)은 제시한 조건에 해당하는 벡터의 인덱스를 나태내는 명령어이다. 예를 들어, $A = [321]$이 주어졌을 때, find(A == 3)을 수행하면 1이라는 결과를 나타낸다. 여기서 1의 의미는 벡터 A에서 3이 위치하는 인덱스를 출력한 결과이다. 또한, char(`문자', ... ,`문자')는 문자로 구성되어 있는 열벡터를 만들 수 있게 해준다. cumsum(x)은 벡터 x의 각 원소의 누적합을 저장한 벡터이다. 다음은 cumsum(x)을 사용한 예이다.

MATLAB 1.8.3

```
>> cumsum([1 3 3 5 6])
ans =
      1    4    7   12   18
```

마지막으로 chol(A)는 행렬 A의 촐레스키 분해(Cholesky decomposition)을 해주는 명령어이다. 간단히 설명하면 대칭양정치 행렬(symmetric positive definite matrix)를 상삼각/하삼각형태의 LU 분해로 나타내는 것을 말한다. 이 명령어는 3장에서 다루게 되는데, 상관관계를 갖는 2개 이상의 난수를 만들고자 할 때 이용한다.

1.8.5 논리에 쓰이는 함수

MATLAB에서 if문 또는 while문을 사용하다 보면 조건을 표현하기 위해 and, or, equal과 같은 논리에 필요한 용어들을 사용하는 경우가 발생한다. 참(true)은 1 그리고 거짓(false)는 0 값을 나타낸다. 논리연산에 주로 사용되는 표현들은 다음과 같다.

&& : 그리고 (and), || : 또는 (or),   == : 동치 (equal)

이 때, ==기호는 =기호와 혼돈하지 않도록 해야한다. = 는 오른쪽에 있는 값을 왼쪽에 대입한다는 의미이다. 또한, any(조건들)함수는 제시한 조건들 중 하나라도 성립하면 참(true)값인 1을 출력하고, 조건 모두를 성립하지 않는다면 거짓(false)의 의미로 0값을 반환한다. 이와 비슷한 명령어로 all(조건들)은 제시한 모든 조건들이 성립하면 1을, 하나라도 성립하지 않는다면 0을 출력하게 된다.

1.8.6 그 외 함수

exp(x)는 지수함수(exponential function)인 e^x을 표현한다. tic과 toc를 이용하면 코드에 배치된 위치에서 시간을 저장함으로 코드 수행시간을 측정하는데 유용하게 활용될 수 있다. datenum(year,month,day)는 0년 1월 1일을 기준으로 제시한 해당 날짜(year/month/day)까지의 날짜 수를 계산해준다.

MATLAB 1.8.4

```
>> datenum(2016,12,08) - datenum(2016,11,21)
ans = 17
```

위의 결과와 같이 만기가 2016년 12월 8일이고, 현재시점이 2016년 11월 21일일 경우 잔존만기를 계산하기 편리하다.

1.9 연습문제

1. 점화식 $x_0 = 0$, $x_1 = 1$, $x_{n+2} = x_{n+1} + x_n$을 만족하는 피보나치 수열 $\{x_n\}$이 있다. x_{100}의 값을 구하는 프로그램을 작성하시오.

2. 합이 10이 되는 양의 무작위수 50개를 만들어 보시오.

3. 타원 $\dfrac{x^2}{a^2}+\dfrac{y^2}{b^2}+\dfrac{z^2}{c^2}=1$의 표면(surface)를 그리시오.

제 2 장

수치해석 기본

본 장에서는 이 교재에서 사용될 주된 수치기법들을 간단하게 소개하고자 한다.

주요 참고자료:

[1] Richard L. Burden and J. Douglas Faires, Numerical analysis, PWS, Boston (1993).

2.1 Taylor 정리

이 장에서는 수치해석학에서 가장 많이 사용되는 정리들 중 하나인 Taylor 정리를 소개한다. Taylor 정리는 비선형 방정식을 선형 방정식으로 국소적으로 근사하고 미분에 대한 유한차분법을 유도할 때 사용한다.

정리 2.1.1 **(1변수 함수의 Taylor 정리)**

함수 f를 1변수에 대한 $\mathbb{R}$에서 $\mathbb{R}$로 가는 매끄러운 함수(smooth function)라고 하자. 그러면 다음과 같은 식이 성립한다.

$$f(x) = f(x_0) + f'(x_0)h + \frac{f''(x_0)}{2}h^2 + \cdots + \frac{f^{(k)}(x_0)}{k!}h^k + R_k(x_0, h).$$

여기서 $h = x - x_0$이고, $R_k(x_0, h)$은 다음과 같다.

$$R_k(x_0, h) = \int_{x_0}^{x} \frac{(x-\tau)^k}{k!} f^{k+1}(\tau) d\tau.$$

$R_k(x_0, h)$는 나머지 항이며 작은 h에 대하여 다음을 만족한다.

$$\lim_{h \to 0} \frac{R_k(x_0, h)}{h^k} = 0.$$

증명 증명은 다음 형태의 미적분학의 기본정리에서 시작해야 한다.

$$\int_{x_0}^{x} f'(\tau)\, d\tau = f(x) - f(x_0).$$

여기서, 위 식의 $\int_{x_0}^{x} f'(\tau)\, d\tau$는 부분적분에 의하여 다음과 같이 정리된다.

$$\int_{x_0}^{x} f'(\tau)\, d\tau = \int_{x_0}^{x} f'(\tau)\, (\tau - x)'\, d\tau$$

$$
\begin{aligned}
&= [f'(\tau)(\tau - x)]_{x_0}^{x} - \int_{x_0}^{x} f''(\tau)\,(\tau - x)\ d\tau \\
&= f'(\tau)h - \int_{x_0}^{x} f''(\tau)\,(\tau - x)\ d\tau.
\end{aligned}
$$

이렇게 정리된 식을 적분식에 다시 한 번 부분적분을 적용하여 다시 계산하면 다음과 같은 결과를 얻게 된다.

$$
\begin{aligned}
\int_{x_0}^{x} f'(\tau)\,d\tau &= f'(\tau)h - \int_{x_0}^{x} f''(\tau)\,(\tau - x)\ d\tau \\
&= f'(\tau)h - \int_{x_0}^{x} f''(\tau)\left(\frac{1}{2}(\tau - x_0 - h)^2\right)'\ d\tau \\
&= f'(\tau)h - \left[f''(\tau)\left(\frac{1}{2}(\tau - x_0 - h)^2\right)\right]_{x_0}^{x} \\
&\quad + \int_{x_0}^{x} f'''(\tau)\frac{1}{2}(\tau - x)^2\ d\tau \\
&= f'(\tau)h + \frac{1}{2}h^2 f''(\tau) + \int_{x_0}^{x} f'''(\tau)\frac{1}{2}(\tau - x)^2\ d\tau.
\end{aligned}
$$

이제 미적분학의 기본정리에 앞서 정리한 결과를 대입하면 다음과 같은 2차 Taylor공식이 된다.

$$
f(x) = f(x_0) + f'(x_0)h + \frac{1}{2}f''(x_0)h^2 + \frac{1}{2}\int_{x_0}^{x} f'''(\tau)(\tau - x)^2\,d\tau.
$$

이것을 $k = 2$일 때의 Taylor 정리라고 한다. 일반적인 k에 대한 Taylor 정리는 부분적분을 반복하면 구할 수 있다. 앞서 기술한 $h \to 0$ 일 때 $R_k(x_0, h)/h^k \to 0$임을 보이자. 구간 $[x_0,\ x]$에서 τ에 대해 우리는 $|x - \tau| \le |h|$와 $f^{k+1}(\tau)$를 얻는다. 이 과정을 계속하면 $f^{k+1}(\tau)$는 유계

(bounded)가 된다. 즉, $|f^{k+1}(\tau)| \le M$이다. 그러면

$$\begin{aligned}|R_k(x_0,h)| &= \left|\int_{x_0}^{x} \frac{(x-\tau)^k}{k!} f^{k+1}(\tau)d\tau\right| \\ &\le M\left|\int_{x_0}^{x} \frac{(x-\tau)^k}{k!} d\tau\right| \\ &= M\left|\left[-\frac{(x-\tau)^{k+1}}{(k+1)!}\right]_{x_0}^{x}\right| = \frac{M|h|^{k+1}}{(k+1)!}.\end{aligned}$$

여기서, $h \to 0$ 일 때 $|R_k(x_0,h)/h^k| \le |h|M/(k+1)! \to 0$ 임을 볼 수 있다. ■■

$f(x) = e^x + 1$의 $x_0 = 0$에서 일차 근사식과 이차 근사식을 구해 보자. $f(0) = 2$, $f'(x) = e^x$이므로 $f'(0) = 1$이고 $f''(x) = e^x$이므로 $f''(0) = 1$이다. 따라서 $e^x + 1$의 $x_0 = 0$에서 일차식은 $2 + x$, 이차식은 $2 + x + x^2/2$이다.

정리 2.1.2 **(2변수 함수의 Taylor 정리)**

함수 f가 점 $P = (x_0, y_0)$의 한 근방 $N(P)$에서 연속인 n계 편도함수를 가질 때, 근방 $N(P)$에 속하는 점 $Q = (x, y)$에 대해서 아래 식이 성립한다.

$$\begin{aligned}f(x,y) = f(x_0,y_0) &+ \left((x-x_0)\frac{\partial}{\partial x} + (y-y_0)\frac{\partial}{\partial y}\right) f(x_0,y_0) \\ &+ \frac{1}{2!}\left((x-x_0)\frac{\partial}{\partial x} + (y-y_0)\frac{\partial}{\partial y}\right)^2 f(x_0,y_0) + \cdots\end{aligned}$$

$$+\frac{1}{n!}\left((x-x_0)\frac{\partial}{\partial x}+(y-y_0)\frac{\partial}{\partial y}\right)^n f(x_0,y_0)+E_n.$$

증명

$$f(x,y)=f(x_0+(x-x_0),y_0+(y-y_0))=f(x_0+\Delta x,y_0+\Delta y)$$

이고

$$z(t)=f(x(t),y(t))=f(x_0+t\Delta x,y_0+t\Delta y)$$

라고 하자. 그러면

$$z(1)=f(x_0+\Delta x,y_0+\Delta y)=f(x,y)$$

가 된다. 이 때, $z(1)$은 일변수 함수 테일러 전개에 의해,

$$z(1)=z(0)+z'(0)(1-0)+\frac{1}{2!}z''(0)(1-0)^2+\cdots+\frac{1}{n!}z^{(n)}(0)(1-0)^n+R_n$$

이 된다.

$$\begin{aligned}
z(0)&=f(x(0),y(0))=f(x_0,y_0),\\
z'(t)&=\frac{\partial}{\partial x}f(x(t),y(t))\Delta x+\frac{\partial}{\partial y}f(x(t),y(t))\Delta y,\\
z'(0)&=\frac{\partial}{\partial x}f(x_0,y_0)\Delta x+\frac{\partial}{\partial y}f(x_0,y_0)\Delta y,\\
z''(0)&=\frac{\partial^2}{\partial x^2}f(x_0,y_0)\Delta x^2+\frac{\partial}{\partial y}\frac{\partial}{\partial x}f(x_0,y_0)\Delta x\Delta y\\
&\quad\frac{\partial}{\partial x}\frac{\partial}{\partial y}f(x_0,y_0)\Delta y\Delta x+\frac{\partial^2}{\partial y^2}f(x_0,y_0)\Delta y^2
\end{aligned}$$

$$= \left(\Delta x \left(\frac{\partial}{\partial x} \right) + \Delta y \left(\frac{\partial}{\partial y} \right) \right)^2 f(x_0, y_0),$$
$$\vdots$$

위의 값들을 $z(1)$ 식에 대입하면,

$$\begin{aligned} z(1) = f(x_0, y_0) &+ \left(\Delta x \left(\frac{\partial}{\partial x} \right) + \Delta y \left(\frac{\partial}{\partial y} \right) \right) f(x_0, y_0) \\ &+ \frac{1}{2!} \left(\Delta x \left(\frac{\partial}{\partial x} \right) + \Delta y \left(\frac{\partial}{\partial y} \right) \right)^2 f(x_0, y_0) \\ &+ \cdots + \frac{1}{n!} \left(\Delta x \left(\frac{\partial}{\partial x} \right) + \Delta y \left(\frac{\partial}{\partial y} \right) \right)^n f(x_0, y_0) + E_n. \end{aligned}$$

2변수 함수의 Taylor 정리를 얻는다. ■■

$f(x,y) = e^{x+y} + 1$의 $(x_0, y_0) = (0,0)$에서 일차근사식과 이차근사식을 구해보자. $f(0,0) = 2$, $f_x(x,y) = f_y(x,y) = e^{x+y}$이므로 $f_x(0,0) = f_y(0,0) = 1$이고 $f_{xx}(x,y) = f_{yy}(x,y) = f_{xy}(x,y) = e^{x+y}$이므로 $f_{xx}(0,0) = f_{yy}(0,0) = f_{xy}(0,0) = 1$이다. 따라서 $e^{x+y} + 1$의 $(x_0, y_0) = (0,0)$에서 일차식은 $2 + x + y$, 이차식은 $2 + x + y + (x^2 + 2xy + y^2)/2$이다.

2.2 수치적 미분

함수 $f(x)$의 점 x에서의 미분값을 수치적으로 계산하기 위하여 $f(x)$의 도함수의 정의

$$f'(x) = \lim_{h \to 0} \frac{f(x+h) - f(x)}{h} \tag{2.1}$$

를 생각하자. 직관적으로 작은 h에 대하여

$$f'(x) \approx \frac{f(x+h) - f(x)}{h} := D_h f(x) \tag{2.2}$$

라고 수치적 미분 $D_h f(x)$를 정의하여 사용할 수 있다. 이 식은 매우 명료하지만 수치적 미분값과 실제 미분값 사이에 필연적으로 오차가 생길 수밖에 없다. 이제부터 단계 크기 h에 대한 $f(x)$의 수치적 미분 $D_h f(x)$에 대해서 알아보자. 먼저 테일러 정리를 사용해서 오차 공식을 찾을 수 있다. 함수 $f(x)$가 두 번 미분 가능한 함수라고 가정하고 x를 기준으로 $f(x+h)$에서 테일러급수를 전개하면, x와 $x+h$ 사이에서 어떤 수 ξ가 존재하여

$$f(x+h) = f(x) + hf'(x) + \frac{h^2}{2} f''(\xi)$$

를 얻는다. 이 식을 정리하면

$$f'(x) = \frac{f(x+h) - f(x)}{h} - \frac{h}{2} f''(\xi) = D_h f(x) - \frac{h}{2} f''(\xi) \tag{2.3}$$

이 된다. 또한,

$$|f'(x) - D_h f(x)| = \left| -\frac{h}{2} f''(\xi) \right|$$

를 절단오차(truncation error)라 한다. 이때 위 식은 1차의 정확도를 갖는다고 한다. 이와 같은 수치적 미분 $D_h f(x)$를 전방차분법(forward difference method)이라 한다. 구간 (a, b)에서 $|f''(x)|$가 M에 유계되어 있으면 충분히 작은 h에 대해서 수치적 미분 $D_h f(x)$를 이용해서 $Mh/2$의 오차범위를 가지는 $f'(x)$를 구할 수 있다. 한편, 식 (2.3)에서 h를 $-h$로 바꾸면 다음과 같은 결과를 얻을 수 있다.

$$f'(x) = \frac{f(x) - f(x-h)}{h} + \frac{h}{2} f''(\xi) \tag{2.4}$$

유사한 방법으로 수치적 미분을

$$D_h f(x) = \frac{f(x) - f(x-h)}{h}$$

로 정의하여 사용할 수 있다. 이 공식을 후방차분법(backward difference method)이라 한다. 동시에 식 (2.4)를 유도하는 과정에서 절단오차가

$$\left| f'(x) - \frac{f(x) - f(x-h)}{h} \right| = \left| \frac{h}{2} f''(\xi) \right|$$

임을 볼 수 있다. 여기서 ξ는 $x - h$와 x 사이의 어떤 수이다. 전방차분법과 후방차분법의 절단오차에서의 h의 차수가 같다. 따라서, 후방차분법과 전방차분법의 정확도는 같다고 할 수 있다.

더 정확한 공식을 얻기 위하여 다른 방법에 대해서 생각해보자. 먼저 함수 $f(x)$가 세 번 미분 가능한 함수라 가정하고, x를 기준으로 $f(x+h)$와 $f(x-h)$에서 테일러급수를 전개하면 아래와 같은 방정식을 얻는다.

$$f(x+h) = f(x) + hf'(x) + \frac{h^2}{2} f''(x) + \frac{h^3}{6} f^{(3)}(x) + O(h^4), \tag{2.5}$$

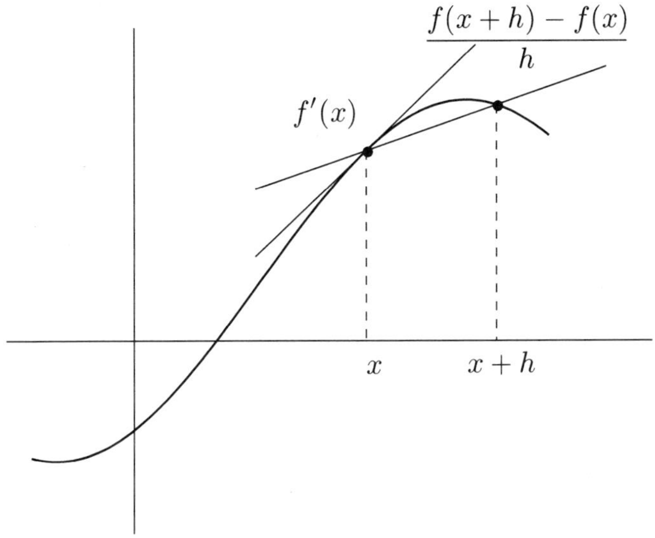

그림 2.1 전방차분

$$f(x-h) = f(x) - hf'(x) + \frac{h^2}{2}f''(x) - \frac{h^3}{6}f^{(3)}(x) + O(h^4). \quad (2.6)$$

그리고 식 (2.5)에서 (2.6)을 빼면,

$$f(x+h) - f(x-h) = 2hf'(x) + \frac{h^3}{3}f^{(3)}(x) + O(h^4) \quad (2.7)$$

를 구할 수 있다. 이 식을 정리하면

$$f'(x) = \frac{f(x+h) - f(x-h)}{2h} - \frac{h^2}{6}f^{(3)}(\xi) \quad (2.8)$$

를 얻는다. 여기서 ξ는 $x-h$와 $x+h$ 사이의 어떤 수이다. 이제 수치적 미분을 아래와 같이 정의할 수 있다.

$$D_h f(x) := \frac{f(x+h) - f(x-h)}{2h}$$

이와 같은 수치적 미분을 중앙차분법(central difference method)이라고 한다. 절단오차는

$$|f'(x) - D_h f(x)| = \left|\frac{h^2}{6} f^{(3)}(\xi)\right|$$

이다. 전방차분법과 후방차분법에서 절단오차의 h 차수가 1차인데 반해서 중앙차분법에서 절단오차의 h의 차수가 2차이기 때문에 더 정확한 미분값을 구할 수 있다. 이때 중앙차분법은 2차의 정확도를 갖는다.

간단한 예제를 가지고 차분법에 따라서 1계 도함수를 수치적으로 구하고 도함수의 정의를 이용하여 구한 미분값과 비교해보자.

예제 2.2.1 구간 $[0, 1]$에서 함수

$$u(x, t) = \sin(\pi x)e^{-\pi^2 t}.$$

가 주어졌을 때 $x = 0.25$에서 미분값을 비교해 보자. 이때 $t = 0.1$이라고 가정하자.

함수 $u(x, t)$를 x에 관하여 미분할 때 도함수의 정의를 이용하여 구하면,

$$u_x(x, t) = \pi\cos(\pi x)e^{-\pi^2 t} \tag{2.9}$$

이다. 앞에 설명한 방법을 이용하여 $x = 0.25$에서의 수치적 미분을 구하여 식 (2.9)의 미분값과 비교하면 다음과 같다.

x에 대하여 1차의 정확도와 2차의 정확도를 갖는 경우를 구하여 비교하였다. 위 문제의 MATLAB 코드는 ndiff.m로 다음과 같다.

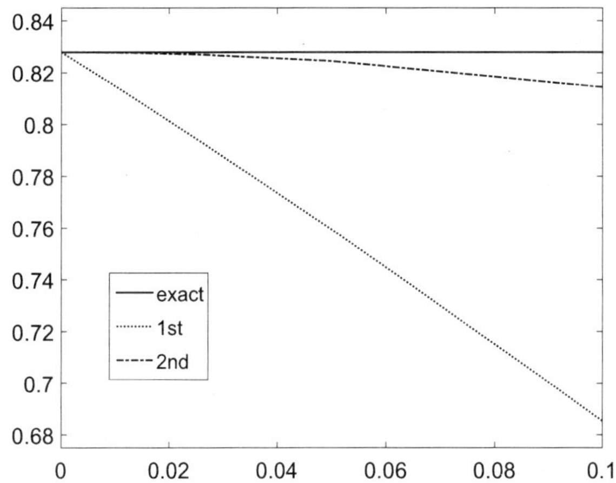

그림 2.2 도함수의 정의를 이용한 미분과 수치적 미분의 비교.

MATLAB 2.2.1

```
                    %%%%%%% ndiff.m %%%%%%%
clear; t=0.1; ss=10; iX=0.25; ue(1:ss,1)=0; un1=ue; un2=ue;
for n=1:ss
    N=5*(2^n); h=1/N; hh(n)=h;
    x=[iX-2*h iX-h iX iX+h iX+2*h];
    p=min(find(x==iX));
    u=sin(pi*x)*exp(-pi*pi*t);
    ue(n)=pi*cos(pi*x(p))*exp(-pi*pi*t);
    un1(n)=(u(p+1)-u(p))/h;
    un2(n)=(u(p+1)-u(p-1))/(2*h);
    clear x
end
```

```
plot(hh,ue,'k-',hh,un1,'k:',hh,un2,'k-.','linewidth',1.5)
legend('exact','1st','2nd','Location',[0.19 0.2 0.16 0.27])
set(gca,'fontsize',18); axis([0 0.1 0.675 0.845]);
print('-deps','fig_ndiff.eps')
```

위의 결과가 정확한지 확인하기 위하여 수렴성을 확인하는 convergence 테스트를 하였다.

h	L^2-error(1st)	order	L^2-error(2nd)	order
0.10000000	0.1425398913		0.0135521590	
0.05000000	0.0682939428	1.0615	0.0034006043	1.9947
0.02500000	0.0333476957	1.0342	0.0008509381	1.9987
0.01250000	0.0164674284	1.0180	0.0002127837	1.9997
0.00625000	0.0081813047	1.0092	0.0000531990	1.9999
0.00312500	0.0040774507	1.0047	0.0000132999	2.0000
0.00156250	0.0020354126	1.0023	0.0000033250	2.0000
0.00078125	0.0010168766	1.0012	0.0000008313	2.0000

2.3 초깃값 문제

이 절에서는 미분방정식의 수치해법 중 Euler, 향상된 Euler, 중간점 방법, Runge–Kutta 방법과 같은 초깃값을 이용하는 방법에 대해 알아보고, 이를 이용하여 연립방정식과 고차 방정식의 해를 찾아본다.

2.3.1 Big O : Truncation Error

$O(h^p)$는 수치적 방법에서 convergence rate를 나타낼 때 자주 언급된다.

정의 2.3.1 $O(h^p)$

만약 $0 \leq h \leq \Delta$에서 $|f(h)| \leq C|h^p|$를 만족하는 상수 $C > 0$와 $\Delta > 0$가 존재한다면, "함수 f가 $O(h^p)$라고 한다."

정리 2.3.2

$f \in O(h^2)$과 $g \in O(\Delta t)$에 대해서 다음이 성립한다.

$$f(h) + g(\Delta t) = O(h^2 + \Delta t)$$

증명 $|f(h)| \leq M_1 h^2$와 $|g(\Delta t)| \leq M_2 \Delta t$에 대하여 다음의 부등식을 얻을 수 있다.

$$|f(h) + g(\Delta t)| \leq M_1 h^2 + M_2 \Delta t \leq \max(M_1,\ M_2)(h^2 + \Delta t).$$

따라서 $f(h) + g(\Delta t) = O(h^2 + \Delta t)$를 얻을 수 있다. ■■

2.3.2 Euler 방법

Euler 방법은 다음과 같은 초깃값 문제의 근삿값을 찾는다.

$$y' = f(t, y),\ \ y(t_0) = y_0.$$

방정식을 푸는 수치방법은 이산집합의 마디점

$$t_0 < t_1 < \cdots < t_N = T \tag{2.10}$$

에서 근사해 $y(t_i)$를 계산하는 것이다. 단순성을 위하여 등간격 마디를 사용한다.

$$t_i = t_0 + ih, \quad i = 1, 2, \cdots, N.$$

점들 사이의 거리는 $h = (T - t_0)/N$이며, 이를 단계크기(step size)라 한다. Taylor 정리를 사용하여 함수 $y(t)$를 t_i에서 테일러 일차 다항식까지 전개한 다음 t에 t_{i+1}를 대입하면 다음과 같다.

$$\begin{aligned} y(t_{i+1}) &= y(t_i) + hy'(t_i) + \frac{h^2}{2}y''(\xi_i) \\ &= y(t_i) + hf(t_i, y(t_i)) + \frac{h^2}{2}y''(\xi_i) \end{aligned} \tag{2.11}$$

여기서 $t_i \le \xi_i \le t_{i+1}$이다. Euler 방법은 위 식에서 오차항($\frac{h^2}{2}y''(\xi_i)$)을 고려하지 않고, 각각의 $i = 0, 1, 2, \cdots, N-1$에 대해 $y(t_i)$ 에 대한 근사해를 구하는 방법이다.

$$y(t_{i+1}) = y(t_i) + hf(t_i, y(t_i)). \tag{2.12}$$

Euler 방법을 이용하여 구간 $0 \le t \le 1$에서 다음과 같은 1계 방정식의 정확한 해의 근사값을 구하자.

$$y' = 1 - 2t + 5y, \quad y(0) = 2. \tag{2.13}$$

위의 방정식은 일차 선형 방정식이고, 초깃값에 대한 정확한 해는 다음과 같이 구할 수 있다.

$$y(t) = \frac{53}{25}e^{5t} + \frac{2}{5}t - \frac{3}{25}.$$

Euler_ex1.m은 Euler 방법을 이용하여 방정식의 수치해를 계산하는 MATLAB 코드이다. $h = 0.01$를 사용한다.

MATLAB 2.3.1

```
              %%%%%%% Euler_ex1.m %%%%%%%
clear; clf; N=100; t0=0; T=1; t=linspace(t0,T,N+1); h=t(2)-t(1);
y(1)=2; f=inline('1-2*ft+5*fy','ft','fy');
for i=1:N
    y(i+1)=y(i)+h*f(t(i),y(i));
end
exa=53/25*exp(5*t)+2/5*t-3/25;  plot(t, y, 'ko', t, exa, 'k')
xlabel('t'); ylabel('y', 'rotation', 0)
legend('numerical solution', 'exact solution', 2)
```

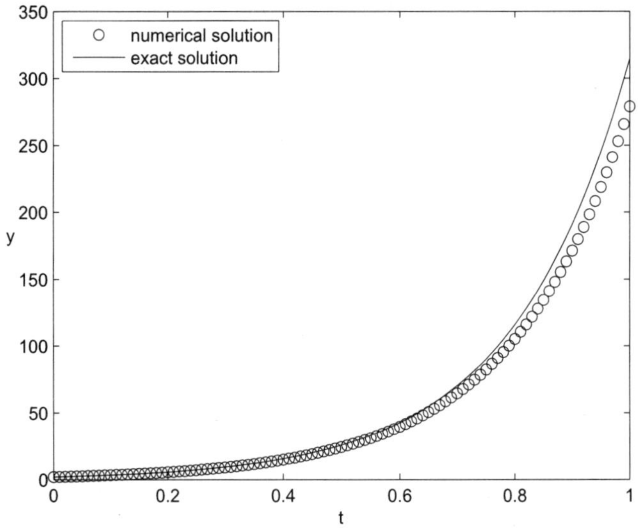

그림 2.3 Euler 방법을 이용하여 얻은 결과

2.4 Gauss-Seidel 방법

MATLAB 2.4.1

```
clear; n=50; A=rand(n); B=A;
for i=1:n
    A(i,i)=2*n+5*rand(1);
    B(i,i)=0;
end
xx=rand(n,1); b=A*xx; x=zeros(n,1); err=1; count=0;
```

```
while err>1.0e-8
    oldx=x;
    for i=1:n
        x(i)=(b(i)-B(i,:)*x)/A(i,i);
    end
    err= max(abs(oldx-x))
    count=count+1
end
```

위의 코드를 살펴보면 우선 A와 B 행렬을 50×50 정방행렬을 만든다. 여기서 A의 대각 원소(diagonal elements)의 값을 크게 주는 것은 Gauss–Seidel을 이용할 때 어느 조건에서도 해가 존재하도록 하기 위해서이다. y와 z에 대한 계산을 하는 부분은 $B(i,:) * x$가 되겠다. 이때 구한 error는 maximum error이다.

Gauss–Seidel 방법은 행렬 A를 $S = D + L$과 $T = U$로 분리하여 반복행렬 $M_{GS} = (D + L)^{-1}U$로 만들어서 오차를 줄이는 방법이다. Gauss–Seidel 방법은 Jacobi 방법과 다르게 계산할 $(x_{k+1})_i$의 값에 이미 계산된 $(x_{k+1})_l$, $l < i$의 값을 사용하여 보다 빠르게 수렴값을 얻을 수 있다.

$$(x_{k+1})_i = a_{ii}^{-1}\left(b_i - \sum_{j<ii} a_{ij}(x_{k+1})_j - \sum_{j>ii} a_{ij}(x_k)_j\right)$$

만일, 행렬 A가 대각행렬을 기준으로 대칭(symmetric)이고 A가 positive definite이면 Gauss–Seidel 방법의 근은 수렴하게 된다. 이제 Gauss–

Seidel 방법을 이용하여 간단한 예제를 풀어보자.

예제 2.4.1 다음의 주어진 연립방정식을 Gauss–Seidel 방법으로 $x_1,\ x_2,\ x_3,\ x_4$ 의 근사해를 구해보자. 초기 조건은 $x_0 = 0.0,\ x_1 = 0.0,\ x_3 = 0.0,\ x_4 = 0.0$ 으로 가정한다.

$$\begin{aligned} 10x_1 - x_2 + 2x_3 \qquad\quad &= 6 \\ -x_1 + 11x_2 - x_3 + 3x_4 &= 25 \\ 2x_1 - x_2 + 10x_3 - x_4 &= -11 \\ 3x_2 - x_3 + 8x_4 &= 15 \end{aligned}$$

다음은 Gauss–Seidel을 푼 MATLAB코드이다.

MATLAB 2.4.2

```
                        % gauss_seidel.m
clear; n=4; tol=1.0e-4;err1=100.0;k=0;
A=[10 -1 2 0;
   -1 11 -1 3
    2 -1 10 -1
    0 3 -1 8];
xo=zeros(n,1); x =zeros(n,1); b=[6 25 -11 15]';
while (tol<err1)
    err2=0;
    for i=1:n
        xo(i)=x(i);
    end
    for i=1:n
```

```
        sum_a1=0;sum_a2=0;
        inv_a=1.0/A(i,i);
        for j=1:i-1
            sum_a1=sum_a1+A(i,j)*x(j);
        end
        for j=i+1:n
            sum_a2=sum_a2+A(i,j)*x(j);
        end
        x(i)=(-sum_a1-sum_a2+b(i))*inv_a;
    end
    for i=1:n
        err2=err2+abs(xo(i)-x(i));
    end
    err1=err2;
    k=k+1;
fprintf('(x1, x2, x3, x4)=(%f %f %f %f) \n', ...
         x(1),x(2),x(3),x(4));
end
```

그러면 아래와 같은 수로 수렴하게 됨을 볼 수 있다.

$$x_1 = 1.0\ x_2 = 2.0,\ x_3 = -1.0,\ x_4 = 1.0.$$

제 3 장

ELS (Equity-Linked Securities): 주가연계증권 가격 결정

3.1 기초자산

이 장에서는 다양한 기초자산으로 이루어진 ELS (Equity-Linked Securities, 주가연계증권) 상품의 가격 결정을 다루고자 한다. ELS는 2003년에 증권거래법 시행령에 따라 상품화되었다. 출시된 지 10여년 만에 국내 금융시장에서 인기 있는 파생상품이 되었고, 2016년에는 100조원에 가까운 발행규모를 기록하면서 많은 투자자의 수요를 만족시키고 있다. 몇 년 전까지만 해도 ELS는 한 개 또는 두 개의 기초자산으로 이루어져 있었지만, 최근에는 시중 이자율 대비 상대적으로 더 많은 보상을 투자자에게 주기위해 세 개 이상의 기초자산으로 이루어진 ELS가 많이 발매되고 있다. 일반적으로 여러 개의 기초자산으로 구성된 ELS의 가격은 평가일에 모든 기초자산 중 [평가가격/최초기준가격]의 비율이 가장 낮은 기초자산을 바탕으로 산출되기 때문에 기초자산이 많을수록 연수익률이 높다.

ELS 상품에 주로 사용하는 국내외 주가지수 (index) 인 KOSPI200 , S&P 500 그리고 EUROSTOXX 50에 대해서 간단히 살펴보자.

3.1.1 KOSPI200

한국 종합지수 200을 말하는 KOSPI200 은 일정 조건에 의해 시장을 대표하는 주식 200개 종목(롯데칠성, 삼성전자, LG생활건강 등)의 시가총액을 지수화한 것이다. 이들의 시가총액은 1990년 1월 3일을 기준으로 현재까지 얼마나 변동했는지를 100분율로 표시한 것이다. 200개 종목은 시장대표성, 유동성, 업종대표성을 고려하여 선정되었으며 종목으로는 어업, 광업, 제조업, 전기가스업, 건설업, 유통서비스업, 통신업, 금융서비스업, 오락문화 서비스 등 9개업 군으로 분류하여 시가총액과 거래량 비중이 높은 종목들을 우선 선정하였다. 시장대표성이란 시가총액의 일정 비율 이상인 종목을 말하며 업종대표성은 시가총액이 일정 비율 이상인 산업군을 의미한다. KOSPI200 에 선정이 되더라도 상장이 폐지되거나, 관리종목으로 지정되거나, 인수합병이 발생하면 대상에서 제외 되고 다른 종목이 합류된다. 비록 상장종목 중 200 종목에 불과하지만 전체 종합주가지수의 움직임과 거의 일치하면서 선물, 옵션 등의 기초자산으로 이용되고 있다. [그림 3.1] 에서는 2016.06.20 기준으로 1년간의 KOSPI200 의 데이터를 보여준다.

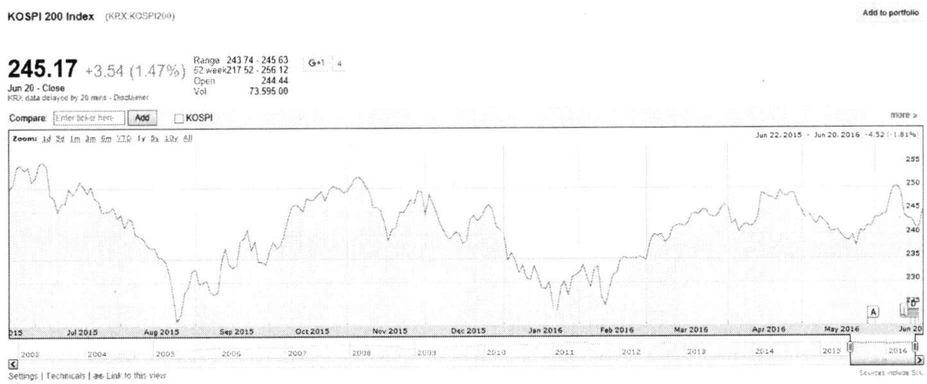

그림 3.1　2016.06.20 기준으로 1년간 KOSPI200 [10]

3.1.2　S&P 500

미국 Standard&Poors가 선정한 500개의 대표 종목(Apple Inc., Amazon.com Inc, Costco Co. 등)을 뽑아 만든 S&P 500이 있다. 뉴욕증권거래소에 상장된 기업의 주가지수로 1957년 부터 사용되기 시작했고, 종목선정은 우량기업주를 중심으로 선정되며, 시가총액법을 이용해서 산정한 지수이다. 즉, 비교시점의 주가에 상장주식수를 곱한 시가총액과 기준시점의 시가총액을 대비한다. 다우(Dow) 지수와 함께 미국의 대표적인 주가지수이다. S&P 500에 포함된 기업은 기업의 크기보다는 성장성을 중시하며 20%는 첨단산업 관련 기업으로 구성되어 있다.

[그림 3.2] 에서는 2016.06.17 기준으로 1년간의 S&P 500의 데이터를 보여준다.

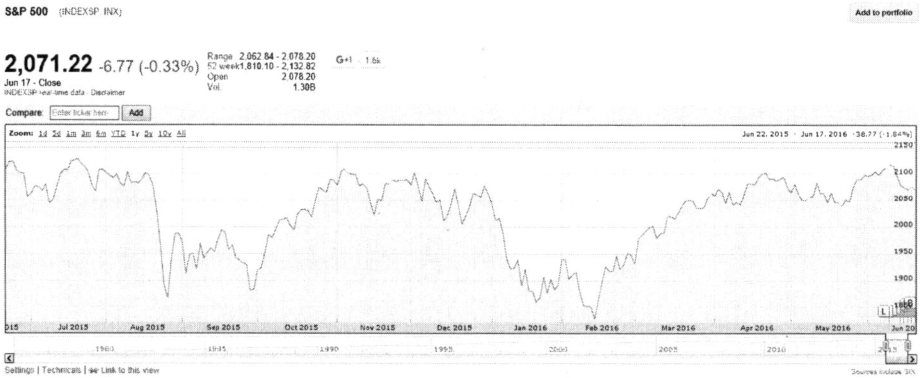

그림 3.2　2016.06.20 기준으로 1년간 S&P 500 [10]

3.1.3 EUROSTOXX 50

유럽 12개국 증시에 상장된 기업 중 50개 우량기업(SAP, BMW, BAYER N 등)을 선정하여 만든 주가지수이다. 다양한 금융상품의(선물, 옵션, ETF상품 등) 기초자산으로 널리 쓰이고 있다. [그림 3.3] 에서는 2016. 06. 17 기준으로 1년간의 EUROSTOXX 50의 데이터를 보여준다.

3.2 원스톡 ELS

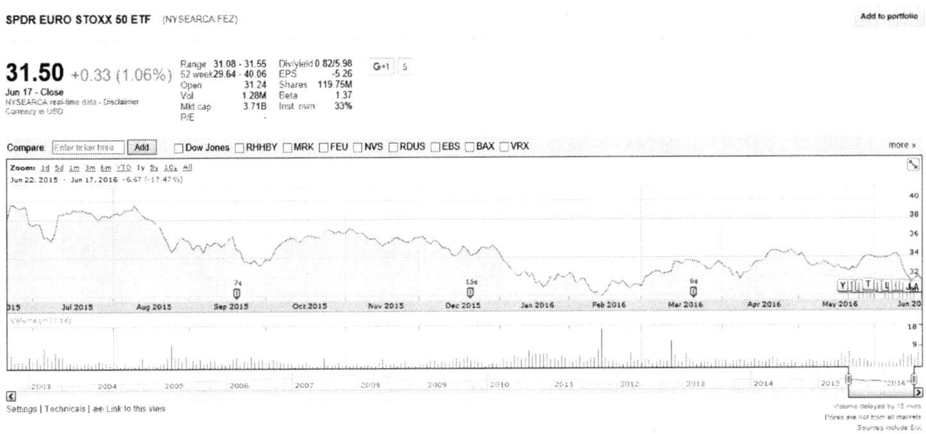

그림 3.3 2016. 06. 17 기준으로 1년간 EUROSTOXX 50 [10]

한 개의 기초자산으로 이루어진 ELS의 가격 결정을 고려해보자. 우리가 다루고자 하는 ELS 상품의 내용은 다음과 같다.

Stepdown ELS		
조기 행사 만기	조기 행사가(%)	쿠폰 이자율(%)
6개월	90%	2%
12개월	90%	4%
18개월	85%	6%
24개월	85%	8%
30개월	80%	10%
36개월	80%	12%

(3년간 이자율 (dummy) = 11%, Knock-in-barrier(Kib) = 50%)

위의 내용을 설명하면 다음과 같다. 발행일 6개월 뒤 첫 번째 조기

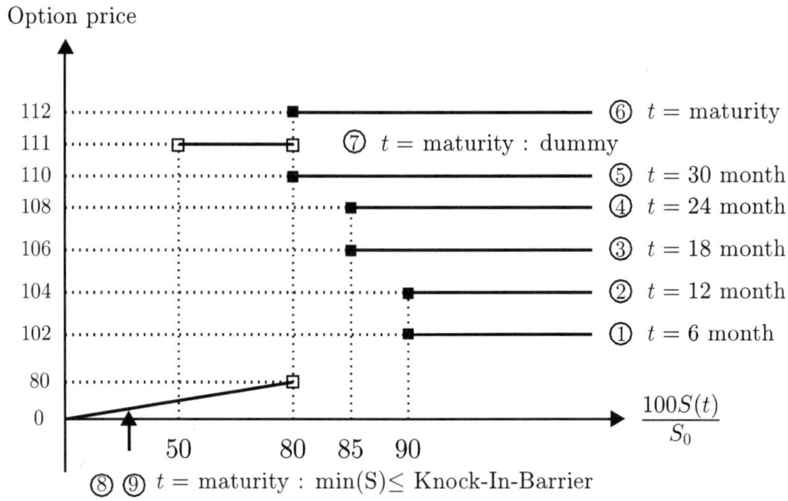

그림 3.4 ELS 상품구조를 나타낸 그림

상환 시점에서 기초자산 가격이 발행일 기초자산 가격의 90% 이상이면 2%(6개월 이자율)의 이자를 받고 ELS는 조기 상환된다. 조기 상환되지 않았다면 다시 6개월 뒤 두 번째 조기 상환 시점에서 기초자산의 가격이 발행일 기준 가격으로 90% 이상이라면 4%(12개월 이자율)을 받고 조기 상환된다. 이렇게 만기까지 상환을 하지 못한다면 두 가지 상황이 존재한다. 첫 번째 상황으로 이 ELS에는 낙인베리어(Knock in Barrier)라는 구간이 있는데, 만약 만기에 기초자산의 가격이 행사가에 미치지 못했다고 하더라도 만기까지 기초자산의 가격이 낙인베리어에 닿지 않았다면, (즉, 기초자산의 가격이 50% 이하로 내려간 적이 없다면) dummy인 11%(3년간 이자율)를 받게 된다. 두 번째는 현재부터 만기까지 기초자산의 가격이 낙인베리어 밑으로 내려간 적이 있는 상황인데

이때는 기초자산 가격의 수준에 비례하여 금액을 수령한다. 즉, 만기 때 기초자산의 가격이 발행일 기준 가격의 30% 수준이라면 투자한 원금의 30%만 돌려받을 수 있는 구조이다. 위의 상품에 대하여 Stepdown 이라는 이름이 붙은 이유는 조기 행사 조건이 시간이 지날 수록 90에서 85로 85에서 80으로 내려가기 때문이다. ELS 상품의 장점은 지수가 내려가도 이익을 볼 수 있는 상황이 존재한다는 것이다. 위의 상품을 코드로 구현하기에 앞서, 몬테칼로 시뮬레이션(Monte Carlo simulation, MCS)에 대해 알아보자.

몬테칼로 시뮬레이션 **(Monte Carlo simulation, MCS)**

몬테칼로 시뮬레이션이란 상품의 가치에 영향을 주는 변수들 간의 관계를 모형화하여 해당 변수들의 미래의 값을 예측하고 이에 따라 상품의 가치를 평가하는 방법이다. 이 때, 예측하고자 하는 변수들에 대해서 특정한 분포를 가정하게 되며 해당 분포를 따르는 난수를 반복적으로 발생시켜 변수의 미래 값을 예측한다. MCS를 이용해서 파생상품의 가격을 결정하는 첫 단계는 기초자산의 확률과정을 모형화하는 것이다. 기초자산인 지수의 확률과정이 기하적 브라운 운동(Geometric Brownian Motion, GBM)을 따른다고 하자. 그러면 KOSPI200 지수의 변화는 다음의 식으로 나타낼 수 있다.

$$\frac{dS}{S} = \mu dt + \sigma dX$$

위험중립원칙 하에서 μ를 무위험 이자율 r로 대체하자.

$$\frac{dS}{S} = rdt + \sigma dX$$

주가에 자연로그를 취한 $\log S$의 확률과정에 Itô의 lemma를 적용하면

$$d\log S = \left(r - 0.5\sigma^2\right)dt + \sigma\sqrt{dt}Z, \qquad Z \sim N(0,1)$$

를 얻고 이를 이산모형으로 변환하면 다음을 얻는다.

$$\begin{aligned}
\Delta \log S(t+\Delta t) &= \log S(t+\Delta t) - \log S(t) = \log\frac{S(t+\Delta t)}{S(t)} \\
&= \left(r - 0.5\sigma^2\right)\Delta t + \sigma\sqrt{\Delta t}Z, \\
\log S(t+\Delta t) &= \log S(t) + \left(r - 0.5\sigma^2\right)\Delta t + \sigma\sqrt{\Delta t}Z, \\
S(t+\Delta t) &= S(t)\exp\left(\left(r - 0.5\sigma^2\right)\Delta t + \sigma\sqrt{\Delta t}Z\right), \qquad Z \sim N(0,1)
\end{aligned}$$

모수들 $S(t)$, r, σ, Δt가 주어지고 표준정규 분포를 갖는 난수 Z(정의된 범위 내에서 무작위로 추출된 수)를 생성하면 $S(t+\Delta t)$를 구할 수 있다.

다음으로는 앞으로 구현할 ELS코드에 if 코드 상에 break문이 나오는데 이에 대해 간략하게 알아보고 가자.

MATLAB 3.2.1

```
for j=1:5
    if j>2
       break;
    end
end
```

```
    j
```

MATLAB 3.2.2

```
>> break_ex
j = 3
```

break문은 현재 돌고 있는 반복문을 빠져나오는 역할을 한다. 따라서 위의 코드는 j가 5가 될 때까지 모두 실행 될 것 같지만 실제로는 j가 2보다 커지는 시점에 바로 for문을 빠져 나간다. 이제 위 ELS상품을 코드로 구현하게 되면 아래와 같다.

MATLAB 3.2.3

```
                    % Stepdown_one_stock_MC.m
clear; r=0.03; sigma=0.3; ns=10000; E=100;
strike_price=[0.9*E 0.9*E 0.85*E 0.85*E 0.8*E 0.8*E];
Kib=0.50*E; repay_n=length(strike_price);
coupon_rate=[0.02 0.04 0.06 0.08 0.10 0.12];
dummy=0.11; oneyear=360; tot_date=3*oneyear;
dt=1/oneyear; S=zeros(tot_date+1,1);
S(1)=100; face_value = 100;
check_day=ceil(3*oneyear*cumsum(ones(repay_n,1))/repay_n);
tot_payoff=zeros(repay_n,1);
payoff=zeros(repay_n,1); payment=zeros(repay_n,1);
for j=1:repay_n
    payment(j)=face_value*(1+coupon_rate(j));
end
```

```
for i=1:ns
    for j=1:tot_date
     S(j+1)=S(j)*exp((r-0.5*sigma^2)*dt+sigma*sqrt(dt)*randn);
    end
    Price_at_check_day=S(check_day+1);
    payoff(1:repay_n)=0;
    repay_event=0;
    for j=1:repay_n
        if Price_at_check_day(j)>=strike_price(j)
            payoff(j)=payment(j);
            repay_event=1;
            break
        end
    end
    if repay_event==0
        if min(S)>Kib
            payoff(end)=face_value*(1+dummy);
        else
            payoff(end)=face_value*S(end)/E;
        end
    end
    tot_payoff=tot_payoff+payoff;
end
tot_payoff=tot_payoff/ns;
for j=1:repay_n
    disc_payoff(j)=tot_payoff(j)*exp(-r*check_day(j)/oneyear);
end
```

```
ELS_Price = sum(disc_payoff)
```

코드를 실행하면 다음 값과 비슷한 값이 나온다.

MATLAB 3.2.4

```
>> Stepdown_one_stock_MC
ELS_Price = 95.2335
```

1. 기본적인 변수들을 세팅한다. 다음, payment 벡터 ([0 0 0 0 0 0])를 이용하여 첫 번째 원소에는 6개월 뒤 조기 상환될 시에 얻게 되는 수익, 두 번째 원소에는 12개월 뒤 조기 상환될 시에 얻게 되는 수익, 세 번째에는 18개월 뒤 조기 상환 시 수익, ⋯, 마지막에는 만기 상환 시 얻게 될 수익을 넣어준다.

2. Index 벡터는 상환평가일의 주가의 비율을 넣어준 벡터이다. 이를 이용해서 상환평가일에서의 주가의 비율과 행사가들을 비교해서 상환 가능한 조건인지 확인한다. 확인하는 방법은 6개월 후 상환평가일의 주가인 Index(1), 다시 말해 6개월 시점의 주가의 비율이 6개월 시점의 행사가인 strike_ price(1)보다 크다면 앞에서 구한 6개월 뒤 상환됐을 때의 값인 payment(1)을 payoff(1)에 넣어준다.([그림 3.5 ①]) 이런 식으로 12개월 ([그림 3.5 ②]), 18개월 ([그림 3.5 ③]), ⋯, 36개월 ([그림 3.5 ⑥]) 시점에서 상환이 될 시 repay_event를 1로 만들어서 상환이 된 것을 알림과 함께 break 문을 이용하여 만기시점까지 상환이 되지 않았을 시의 조건문으로 넘어간다.

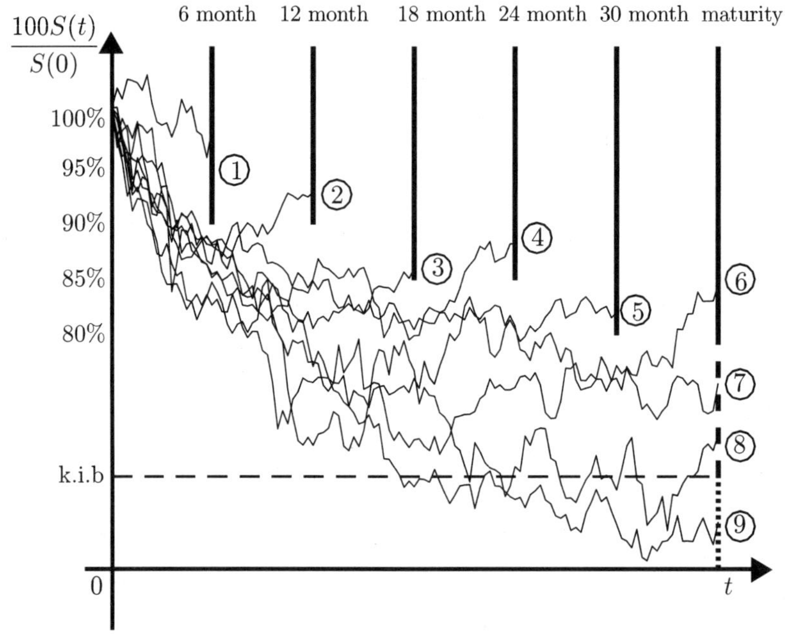

그림 3.5 Monte carlo simulation으로 표현한 주가 경로

3. 이제 만기까지 주가가 낙인베리어 밑으로 내려간 적이 한 번이라도 있는 상황과 아닌 상황이 남는다. 이는 if 문을 이용하여 min(S)값이 낙인베리어보다 클 조건으로 판별해 준다. 즉, 주가가 한 번도 낙인베리어 밑으로 떨어지지 않았다면 ([그림 3.5 ⑦]) S(1)*(1+dummy)를, 그렇지 않다면 ([그림 3.5 ⑧, ⑨]) 손실로써 남은 S(end)만을 payoff(6) 원소에 넣어준다.

4. 이렇게 구한 payoff 벡터를 tot_payoff 벡터에 더해준다. 이제 tot_payoff 벡터의 각 원소는 각 상환평가일에 해당하는 payoff 벡터의 총합이

된다. 이 tot_payoff 벡터 원소의 평균을 내주고 각 원소에 해당하는 상환일의 현재가치를 구해주고 합계를 해주면 One stock Step-Down ELS의 가격을 구할 수 있다.

3.3 투스톡 ELS

이번 절에서는 두 개의 자산으로 구성된 ELS의 가격을 구해본다. 상품 수익구조 및 조기 행사 만기는 이전에 설명한 원스톡 ELS와 흡사하다. 다만 행사일의 기초자산 가격은 두 개의 자산 중에서 더 낮은 가격을 갖는 자산을 적용한다는 차이가 있다. 또한 낙인베리어에 대한 조건도 두 개의 자산 중에서 더 낮은 가격을 갖는 자산을 적용한다. 두 자산 간의 가격 움직임 간에 나타나는 상관계수는 촐레스키 분해 (Cholesky decomposition)를 이용하여 랜덤수를 생성함으로써 코드에 반영했다. 상품을 코드로 구현하기에 앞서 촐레스키 분해에 대해 알아보자.

촐레스키 분해 **(Cholesky decomposition)**

1. 대칭양정치 행렬(Symetric positive definite matrix)은 LU 분해의 특수한 예인 촐레스키 분해를 적용할 수 있다. 대칭양정치행렬이란 대칭행렬 A가 0 아닌 벡터 x에 대하여 $x^T Ax > 0$인 행렬을 의미한다.

$$A = \begin{pmatrix} a & b \\ b & c \end{pmatrix} = LL^T = \begin{pmatrix} \alpha & 0 \\ \beta & \gamma \end{pmatrix} \begin{pmatrix} \alpha & \beta \\ 0 & \gamma \end{pmatrix} = \begin{pmatrix} \alpha^2 & \alpha\beta \\ \alpha\beta & \beta^2 + \gamma^2 \end{pmatrix}.$$

각각의 원소들을 비교하면

$$\alpha^2 = a, \alpha\beta = b, \beta^2 + \gamma^2 = c$$

을 얻게 되고 이를 다시 정리하면 다음의 결과를 얻을 수 있다.

$$\alpha = \sqrt{a}, \beta = \frac{b}{\sqrt{a}}, \gamma = \sqrt{\frac{ac - b^2}{a}}$$

$$L = \begin{pmatrix} \sqrt{a} & 0 \\ \frac{b}{\sqrt{a}} & \sqrt{\frac{ac-b^2}{a}} \end{pmatrix}$$

2. 기초자산간 상관관계가 반영된 난수를 생성하기 위해서 아직 상관관계가 반영되지 않은 난수열을 생성한다. 그리고 두 개 이상의 기초자산에 대한 상관계수 행렬을 촐레스키분해하여 상삼각행렬과 하삼각행렬의 곱으로 나타낸다. 다음으로 앞서 구한 난수벡터에 하삼각행렬을 곱하여 상관관계가 반영된 난수를 구한다. 예를 들어, 기초자산이 두 개인 경우를 생각해보자. 우선 표준정규분포를 따르는 난수 ϕ_1 과 ϕ_2를 만들어보자. 상관계수가 ρ인 상관계수행렬을 A라고 하자.

$$A = \begin{pmatrix} 1 & \rho \\ \rho & 1 \end{pmatrix}$$

행렬 A를 촐레스키 분해하면 다음과 같다.

$$A = LL^T = \begin{pmatrix} 1 & 0 \\ \rho & \sqrt{1-\rho^2} \end{pmatrix} \begin{pmatrix} 1 & \rho \\ 0 & \sqrt{1-\rho^2} \end{pmatrix}.$$

분해된 행렬 L을 이용하여 상관계수가 반영된 난수 ϕ_1^* 와 ϕ_2^* 로 전환하면 다음과 같다.

$$\begin{pmatrix}\phi_1^*\\ \phi_2^*\end{pmatrix} = L\begin{pmatrix}\phi_1\\ \phi_2\end{pmatrix} = \begin{pmatrix}1 & 0\\ \rho & \sqrt{1-\rho^2}\end{pmatrix}\begin{pmatrix}\phi_1\\ \phi_2\end{pmatrix} = \begin{pmatrix}\phi_1\\ \phi_1\rho + \phi_2\sqrt{1-\rho^2}\end{pmatrix}$$

그렇다면 왜 위의 식으로 계산하면 두 난수가 상관계수 ρ를 갖는 난수로 변하게 되는 것일까? 이는 ϕ_1, $\phi_2 \sim N(0,1)$ 의 성질을 가지고 있으며 위의 행렬에 따라 다음이 성립함을 통해 간단하게 확인할 수 있다.

$$\phi_1^* = \phi_1, \phi_2^* = \phi_1\rho + \phi_2\sqrt{1-\rho^2}$$

이제, 두 난수 ϕ_1^*와 ϕ_2^*에 대하여 다음을 계산해 보자.

$$\begin{aligned}
E[\phi_1^*] &= E[\phi_1] = 0,\\
E[\phi_2^*] &= E[\phi_1\rho + \phi_2\sqrt{1-\rho^2}] = \rho E[\phi_1] + \sqrt{1-\rho^2}E[\phi_2] = 0,\\
Var[\phi_1^*] &= Var[\phi_1] = 1,\\
Var[\phi_2^*] &= Var[\phi_1\rho + \phi_2\sqrt{1-\rho^2}]\\
&= E[(\phi_1\rho + \phi_2\sqrt{1-\rho^2}\ )^2] - E[\phi_1\rho + \phi_2\sqrt{1-\rho^2}]^2\\
&= \rho^2 + 1 - \rho^2 = 1.
\end{aligned}$$

두 난수 사이에 분산을 이용하여 공분산을 구하면 다음과 같다.

$$\begin{aligned}
Cov[\phi_1^*, \phi_2^*] &= Cov[\phi_1, \phi_1\rho + \phi_2\sqrt{1-\rho^2}]\\
&= Cov[\phi_1, \phi_1\rho] + Cov[\phi_1, \phi_2\sqrt{1-\rho^2}]\\
&= \rho Cov[\phi_1, \phi_1] + \sqrt{1-\rho^2}Cov[\phi_1, \phi_2] = \rho.
\end{aligned}$$

이제, 두 개의 기초 자산일 때의 ELS코드를 살펴보자.

MATLAB 3.3.1

```
                    % Stepdown_two_stocks_MC.m
clear; r=0.03; sigma=[0.3 0.3]; ns=10000; E = 100;
strike_price=[0.9*E 0.9*E 0.85*E 0.85*E 0.8*E 0.8*E];
Kib=0.50*E; repay_n=length(strike_price);
coupon_rate=[0.02 0.04 0.06 0.08 0.10 0.12];
dummy=0.11; oneyear=360; tot_date=3*oneyear;
dt=1/oneyear; S=zeros(tot_date+1,2);
S(1,:)=100; face_value = 100;
check_day=ceil(3*oneyear*cumsum(ones(repay_n,1))/repay_n);
tot_payoff=zeros(repay_n,1);
payoff=zeros(repay_n,1); payment=zeros(repay_n,1);
rho=[0.5 0.5]; corr=[1 rho(1);rho(2) 1]; K=chol(corr);
for j=1:repay_n
    payment(j)=face_value*(1+coupon_rate(j));
end
for i=1:ns
    w0=randn(tot_date,2);
    w=w0*K;
    for j=1:tot_date
     S(j+1,1)=S(j,1)*exp((r-sigma(1)^2/2)*dt ...
                        +sigma(1)*sqrt(dt)*w(j,1));
     S(j+1,2)=S(j,2)*exp((r-sigma(2)^2/2)*dt ...
                        +sigma(2)*sqrt(dt)*w(j,2));
    end
    WP=min(S(:,1),S(:,2));
    Price_at_check_day=WP(check_day+1);
```

```
    payoff(1:repay_n)=0;
    repay_event=0;
    for j=1:repay_n
        if Price_at_check_day(j)>=strike_price(j)
            payoff(j)=payment(j);
            repay_event=1;
            break
        end
    end
    if repay_event==0
        if min(WP) > Kib
            payoff(end)=face_value*(1+dummy);
        else
            payoff(end)=face_value*WP(end)/E;
        end
    end
    tot_payoff=tot_payoff+payoff;
end
tot_payoff=tot_payoff/ns;
for j=1:repay_n
   disc_payoff(j)=tot_payoff(j)*exp(-r*check_day(j)/oneyear);
end
ELS_Price = sum(disc_payoff)
```

코드를 실행하면 다음 값과 비슷한 값이 나온다.

MATLAB 3.3.2

```
>> Stepdown_two_stocks_MC
ELS_Price = 90.5825
```

기본적인 변수들을 세팅하는 것에 대한 설명은 원스톡 ELS 코드와 비교해서 상수값만 다르거나 기초자산의 수가 두 개이기에 벡터로 정의된 것뿐이기 때문에 생략하고, 위의 코드에서 MATLAB의 내장 함수 `chol`을 사용하여 상관계수 행렬의 하삼각행렬을 구했다.

이 행렬을 `tot_date`라고 정의한 전체 일수만큼을 생성한 난수 벡터에 곱해주면 서로 상관관계가 ρ를 갖는 두 난수 벡터를 얻을 수 있다. 코드 상에서는 행렬 `w`의 1열과 2열이 각각 두 난수 벡터에 해당한다. 이 벡터들을 이용하여 다음과 같이 주가를 생성한다.

[주가 경로 생성 방법]

1. $N(0,1)$에 i.i.d 한 난수 Z_1과 Z_2를 생성한다. 2. $X_1 = Z_1$이라 하고, $X_2 = \rho Z_1 + \sqrt{1-\rho^2}Z_2$라 하자. 3. 그러면, $Corr(X_1, X_2) = \rho$이고, 주가 경로는 다음과 같다.

$$S_{t+\Delta t}^{(1)} = S_t^{(1)} \exp\left[\left(r - \frac{1}{2}\sigma^2\right)\Delta t + \sigma X_1\sqrt{\Delta t}\right], \quad X_1 \sim N(0,1),$$
$$S_{t+\Delta t}^{(2)} = S_t^{(2)} \exp\left[\left(r - \frac{1}{2}\sigma^2\right)\Delta t + \sigma X_2\sqrt{\Delta t}\right], \quad X_2 \sim N(0,1).$$

행사일의 기초자산 가격에 두 개의 자산 중 더 낮은 가격을 적용하는 것과 낙인베리어에 대한 조건에 두 개의 자산 중 더 낮은 가격의 자산을 적용한다는 사실을 통해 변수 WP를 생성하여 둘 중의 낮은 주가만을 저장하여 적용한다.

3.4 쓰리스톡 ELS

이번 절에는 세 개의 기초자산으로 이루어진 ELS 상품의 가격을 구하는 코드를 소개한다. 기초자산이 세 개인 ELS 상품은 각각 조기상환 조건과 낙인베리어 조건에 대하여 세 개의 기초자산 중 가장 낮은 가격의 기초자산의 가격을 기준으로 적용한다. 즉, 다른 조건들이 동일할 때에 기초자산의 개수가 늘어날수록 많은 위험을 가지고 있는 것이다. 불과 몇 년 전까지만 해도 세 개의 기초자산을 갖는 실제 상품이 거의 존재하지 않았다. 하지만 최근 세 개의 기초자산을 갖는 상품이 실제로 많이 거래되고 있다. 저금리 시대이기 때문에 한두 개의 기초자산을 가지고 있는 상품은 높은 기대수익률을 얻기 어렵다. 높은 기대수익률을 얻기 위해서, 더 많은 위험을 감수해야 하는 상품들이 나오는 것이다.

출레스키 분해 **(Cholesky decomposition)**

1. 3×3 행렬의 출레스키 분해에 대해 알아보자. 대칭양정치 행렬에

대한 설명은 위와 동일 하므로 생략한다. 3×3 행렬 A는

$$A = \begin{pmatrix} a & b & c \\ b & d & e \\ c & e & f \end{pmatrix} = LL^T = \begin{pmatrix} \alpha & 0 & 0 \\ \beta & \gamma & 0 \\ \delta & \epsilon & \varepsilon \end{pmatrix} \begin{pmatrix} \alpha & \beta & \delta \\ 0 & \gamma & \epsilon \\ 0 & 0 & \varepsilon \end{pmatrix}$$
$$= \begin{pmatrix} \alpha^2 & \alpha\beta & \alpha\delta \\ \alpha\beta & \beta^2+\gamma^2 & \beta\delta+\gamma\epsilon \\ \alpha\delta & \beta\delta+\gamma\epsilon & \delta^2+\epsilon^2+\varepsilon^2 \end{pmatrix}.$$

각각의 원소들을 비교하면

$$\alpha^2 = a, \alpha\beta = b, \alpha\delta = c, \beta^2+\gamma^2 = d, \beta\delta+\gamma\epsilon = e, \delta^2+\epsilon^2+\varepsilon^2 = f$$

을 얻게 되고, 이를 다시 정리 하면 다음의 결과를 얻을 수 있다.

$$\alpha = \sqrt{a}, \beta = \frac{b}{\sqrt{a}}, \gamma = \sqrt{\frac{ac-b^2}{a}}, \delta = \frac{c}{\sqrt{a}}, \epsilon = \frac{ae-bc}{\sqrt{a(ad-b^2)}},$$
$$\varepsilon = \sqrt{\frac{fa(ad-b^2)-c^2a(ad-b^2)-(ae-bc)^2}{a(ad-b^2)}}$$

$$L = \begin{pmatrix} \sqrt{a} & 0 & 0 \\ \frac{b}{\sqrt{a}} & \sqrt{\frac{ad-b^2}{a}} & 0 \\ \frac{c}{\sqrt{a}} & \frac{ae-bc}{\sqrt{a(ad-b^2)}} & \sqrt{\frac{fa(ad-b^2)-c^2a(ad-b^2)-(ae-bc)^2}{a(ad-b^2)}} \end{pmatrix}$$

2. 기초자산이 2개일 때와 유사하게, 기초자산간 상관관계가 반영된 난수를 생성하기 위해서 상관관계가 반영되지 않은 난수열을 생성한다. 그리고 상관계수 행렬을 촐레스키 분해하여 상삼각행렬과 하삼각행

렬의 곱으로 나타내고 앞서 구한 난수벡터에 하삼각행렬을 곱하여 상관관계가 반영된 난수를 구한다. 우선 표준정규분포를 따르는 난수 ϕ_1, ϕ_2, ϕ_3 를 만들어보자. 상관계수행렬을 A라고 하자.

$$A = \begin{pmatrix} 1 & \rho_{12} & \rho_{13} \\ \rho_{12} & 1 & \rho_{23} \\ \rho_{13} & \rho_{23} & 1 \end{pmatrix}$$

행렬 A를 촐레스키 분해하면 다음과 같다.

$$A = LL^T = \begin{pmatrix} 1 & 0 & 0 \\ \rho_{12} & \sqrt{1-\rho_{12}^2} & 0 \\ \rho_{13} & \frac{\rho_{23}-\rho_{12}\rho_{13}}{\sqrt{1-\rho_{12}^2}} & \sqrt{\frac{(1-\rho_{12}^2)-\rho_{13}^2(1-\rho_{12}^2)-(\rho_{23}-\rho_{12}\rho_{13})^2}{1-\rho_{12}^2}} \end{pmatrix} * \begin{pmatrix} 1 & \rho_{12} & \rho_{13} \\ 0 & \sqrt{1-\rho_{12}^2} & \frac{\rho_{23}-\rho_{12}\rho_{13}}{\sqrt{1-\rho_{12}^2}} \\ 0 & 0 & \sqrt{\frac{(1-\rho_{12}^2)-\rho_{13}^2(1-\rho_{12}^2)-(\rho_{23}-\rho_{12}\rho_{13})^2}{1-\rho_{12}^2}} \end{pmatrix}.$$

분해된 행렬 L을 이용하여 상관계수가 반영된 난수 ϕ_1^*, ϕ_2^*, ϕ_3^*로 전환하면 다음과 같다.

$$\begin{pmatrix} \phi_1^* \\ \phi_2^* \\ \phi_3^* \end{pmatrix} = L \begin{pmatrix} \phi_1 \\ \phi_2 \\ \phi_3 \end{pmatrix} = \begin{pmatrix} 1 & 0 & 0 \\ \rho_{12} & \sqrt{1-\rho_{12}^2} & 0 \\ \rho_{13} & \frac{\rho_{23}-\rho_{12}\rho_{13}}{\sqrt{1-\rho_{12}^2}} & \sqrt{\frac{(1-\rho_{12}^2)-\rho_{13}^2(1-\rho_{12}^2)-(\rho_{23}-\rho_{12}\rho_{13})^2}{1-\rho_{12}^2}} \end{pmatrix} \begin{pmatrix} \phi_1 \\ \phi_2 \\ \phi_3 \end{pmatrix}$$

$$= \begin{pmatrix} \phi_1 \\ \phi_1\rho_{12} + \phi_2\sqrt{1-\rho_{12}^2} \\ \phi_1\rho_{13} + \phi_2\frac{\rho_{23}-\rho_{12}\rho_{13}}{\sqrt{1-\rho_{12}^2}} + \phi_3\sqrt{\frac{(1-\rho_{12}^2)-\rho_{13}^2(1-\rho_{12}^2)-(\rho_{23}-\rho_{12}\rho_{13})^2}{1-\rho_{12}^2}} \end{pmatrix}$$

세 난 수 ϕ_1^*, ϕ_2^*, ϕ_3^*에 대해서 상관관계가 반영되어 있는지 확인하는 과정은 투스톡 ELS에서 설명하였으므로 생략한다.

다음은 기초자산이 세 개일 때의 몬테칼로 시뮬레이션을 하는 MATLAB 코드이다.

MATLAB 3.4.1

```
                    % Stepdown_three_stocks_MC.m
clear; r = 0.03; sigma = [0.3 0.3 0.3]; ns = 10000; E =100;
strike_price=[0.9*E 0.9*E 0.85*E 0.85*E 0.8*E 0.8*E];
Kib=0.50*E; repay_n=length(strike_price);
coupon_rate=[0.02 0.04 0.06 0.08 0.10 0.12];
dummy=0.11; oneyear=360; tot_date=3*oneyear;
dt=1/oneyear; S=zeros(tot_date+1,3);
S(1,:)=100; face_value = 100;
check_day=ceil(3*oneyear*cumsum(ones(repay_n,1))/repay_n);
tot_payoff=zeros(repay_n,1);
payoff=zeros(repay_n,1); payment=zeros(repay_n,1);
rho = [0.5 0.5 0.5];
corr = [1 rho(1) rho(3); rho(1) 1  rho(2); rho(3) rho(2) 1];
K=chol(corr);
for j=1:repay_n
```

```
    payment(j)=face_value*(1+coupon_rate(j));
end
for i=1:ns
    w0=randn(tot_date,3);
    w=w0*K;
    for j=1:tot_date
        S(j+1,1) = S(j,1)*exp((r-sigma(1)^2/2)*dt ...
                            +sigma(1)*sqrt(dt)*w(j,1));
        S(j+1,2) = S(j,2)*exp((r-sigma(2)^2/2)*dt ...
                            +sigma(2)*sqrt(dt)*w(j,2));
        S(j+1,3) = S(j,3)*exp((r-sigma(3)^2/2)*dt ...
                            +sigma(3)*sqrt(dt)*w(j,3));
    end
    WP = min(min(S(:,1),S(:,2)),S(:,3));
    Price_at_check_day=WP(check_day+1);
    payoff(1:repay_n)=0; repay_event = 0;
    for j=1:repay_n
        if Price_at_check_day(j)>=strike_price(j)
            payoff(j)=payment(j);
            repay_event = 1;
            break
        end
    end
    if repay_event == 0
        if min(WP) > Kib
            payoff(end)=face_value*(1+dummy);
        else
```

```
            payoff(end)=face_value*WP(end)/E;
        end
    end
     tot_payoff=tot_payoff+payoff;
end
tot_payoff=tot_payoff/ns;
for j=1:repay_n
    disc_payoff(j)=tot_payoff(j)*exp(-r*check_day(j)/oneyear);
end
ELS_Price = sum(disc_payoff)
```

코드를 실행하면 다음 값과 비슷한 값이 나온다.

MATLAB 3.4.2

```
>> Stepdown_three_stocks_MC
ELS_Price = 85.8674
```

기초자산 세 개 짜리의 주가 경로생성 방법은 다음과 같다.

[주가 경로 생성 방법]

1. $N(0,1)$에 i.i.d 한 난수 Z_1, Z_2, Z_3를 생성한다.
2.

$$X_1 = Z_1, X_2 = \rho_{12}Z_1 + \sqrt{1-\rho_{12}^2}Z_2,$$
$$X_3 = \rho_{13}Z_1 + \frac{\rho_{23} - \rho_{12}\rho_{13}}{\sqrt{1-\rho_{12}^2}}Z_2$$

$$+\sqrt{\frac{(1-\rho_{12}^2)-\rho_{13}^2(1-\rho_{12}^2)-(\rho_{23}-\rho_{12}\rho_{13})^2}{1-\rho_{12}^2}}Z_3$$

라 하자.

3. 그러면,

$$Corr(X_1, X_2, X_3) = \begin{bmatrix} 1 & \rho_{12} & \rho_{13} \\ \rho_{21} & 1 & \rho_{23} \\ \rho_{31} & \rho_{32} & 1 \end{bmatrix}$$

이고, 주가 경로는 다음과 같다.

$$S_{t+\Delta t}^{(1)} = S_t^{(1)} \exp\left[\left(r-\frac{1}{2}\sigma^2\right)\Delta t + \sigma X_1\sqrt{\Delta t}\right], \quad X_1 \sim N(0,1),$$

$$S_{t+\Delta t}^{(2)} = S_t^{(2)} \exp\left[\left(r-\frac{1}{2}\sigma^2\right)\Delta t + \sigma X_2\sqrt{\Delta t}\right], \quad X_2 \sim N(0,1),$$

$$S_{t+\Delta t}^{(3)} = S_t^{(3)} \exp\left[\left(r-\frac{1}{2}\sigma^2\right)\Delta t + \sigma X_3\sqrt{\Delta t}\right], \quad X_3 \sim N(0,1).$$

코드에 대한 설명은 Two stocks 코드에서 벡터가 2차원이었다면 3차원으로, 상관계수행렬의 차원이 2×2이었다면 3×3로 바뀌었을 뿐 거의 동일하므로 생략한다. 이 장의 도입부에서 말했듯이 ELS는 다른 조건들이 동일할 때, 기초자산의 개수가 증가할수록 더 많은 쿠폰을 받을 수 있다. 각 기초자산의 worst performer가 가격을 결정하는 가장 중요한 요소인데 기초자산의 개수가 증가하면 worst performer의 가격

과정은 더 낮은 수준이 될 것임을 직관적으로 받아들일 수 있다. 그렇다면 실제로 동일한 조건 하에서 기초자산 갯수를 늘려서 ELS의 가격을 구해보자. 기초자산의 개수에 따른 가격 변화를 보는 것이 목적이므로 각 기초자산의 변동성은 0.3으로 동일하게 두고 각 기초자산 간의 상관계수는 0.5로 두었다. 아래의 코드는 Three stocks ELS 가격결정 코드를 응용하여 한 번에 세 가지의 가격을 다 구해낸 코드이다.

MATLAB 3.4.3

```
        % Compare monte underlying assets
clear; T=3;dt=1/360;N=round(T/dt+0.001);
coupon = [0.05 0.10 0.15 0.20 0.25 0.30];
step = [1 2 3 4 5 6]*N/6;
S_rate = [0.95 0.95 0.9 0.9 0.85 0.85]; dummy = 0.30;
Kib = 0.65; ns = 10000; face = 100;
ref_S = [100 100 100]; S = [100 100 100];
r = 0.03; vol = [0.3 0.3 0.3]; rho = [0.5 0.5 0.5];
step_num=length(step); strike_ch(3,step_num)=0;
payoff(3,step_num) = 0; dsum(3,step_num) = 0;
disc_payoff(3,step_num) = 0;
corr2 = [1 rho(1) rho(3); rho(1) 1 rho(2); rho(3) rho(2) 1];
M=chol(corr2); payment=zeros(3,6);
SP1(1:N+1)=0; SP2(1:N+1)=0; SP3(1:N+1)=0;
for j=1:step_num
    payment(:,j)=face*(1+coupon(j));
end
```

```
SP1(1) = S(1);SP2(1) = S(2);SP3(1) = S(3);
for i=1:ns
    w0=randn(N,3);
    w=w0*M;
    for j=1:N
        SP1(j+1) = SP1(j)*exp((r-vol(1)^2/2)*dt ...
                              +vol(1)*sqrt(dt)*w(j,1));
        SP2(j+1) = SP2(j)*exp((r-vol(2)^2/2)*dt ...
                              +vol(2)*sqrt(dt)*w(j,2));
        SP3(j+1) = SP3(j)*exp((r-vol(3)^2/2)*dt ...
                              +vol(3)*sqrt(dt)*w(j,3));
    end
        R1 = SP1/ref_S(1);
        R2 = SP2/ref_S(2);
        R3 = SP3/ref_S(3);
        WP(1,:) = R1;
        WP(2,:) = min(R1,R2);
        WP(3,:) = min(min(R1,R2),R3);
        strike_ch(1,:)=WP(1,step);
        strike_ch(2,:)=WP(2,step);
        strike_ch(3,:)=WP(3,step);
        payoff(:,:) = 0;
    for k=1:3
            tag = 0;
        for j=1:step_num
                if strike_ch(k,j)>=S_rate(j)
```

```
                    payoff(k,j)=payment(k,j);
                    tag = 1;
                    break;
                end
        end
        if tag == 0
            ki_event = any (WP(k,:) < Kib);
            if ki_event == 0
                if (WP(k,end) >= Kib)
                payoff(k,end) = face*(1+dummy);
                end
            else
                payoff(k,end) = face*WP(k,end);
            end
        end
        dsum(k,:) = dsum(k,:) + payoff(k,:);
    end
end
exp_payoff = dsum/ns;
for j = 1:step_num
    disc_payoff(:,j) = exp_payoff(:,j)*exp(-r*step(j)/360);
end
ELS_Price(1:3)=0;
for k = 1:3
ELS_Price(k) = sum(disc_payoff(k,:));
end
ELS_Price
```

Compare monte underlying assets.m코드를 실행하면 다음 값과 비슷한 값이 나온다.

MATLAB 3.4.4

```
>> Compare monte underlying assets

ELS_Price =

   95.9838   89.1601   83.7763
```

첫 번째 수치는 기초자산이 하나인 ELS의 가격, 두 번째 수는 기초자산이 두 개인 ELS의 가격, 마지막 수치는 기초자산이 세 개인 ELS의 가격이다. 동일한 조건하에서 이와 같이 기초자산의 개수가 늘어나면 측정되는 가격이 낮아짐을 알 수 있다. 이처럼 증권사에서 ELS를 공모한다고 할 때에 비슷한 수준의 금액을 공모한다면 기초자산의 개수가 늘어날수록 ELS의 가치는 낮아지므로 잉여 금액의 비중이 늘어난다. 이 결과는 기초자산의 수가 늘어날때 증권사가 더 많은 쿠폰을 줄 수 있는 이유에 대한 근거로 볼 수 있다.

3.5 연습문제

다음은 실제 증권사에서 발행되고 있는 ELS 상품이다. 다음을 몬테칼로 시뮬레이션으로 가격 측정을 하시오.

1. $https : //www.miraeassetdaewoo.com/public/editor/1491815738158.pdf$

2. $https : //www.miraeassetdaewoo.com/public/editor/1492418039629.pdf$

3. $https : //www.miraeassetdaewoo.com/public/editor/1492418020211.pdf$

4. $https : //www.miraeassetdaewoo.com/public/editor/a_ELS9385_invest.p$

5. $https : //www.miraeassetdaewoo.com/public/editor/a_ELS9415_invest.p$

제 4 장

이미지 분할 (Image Segmentation)

이미지 분할은 이미지를 여러 부분으로 나누는 것으로 디지털 이미지의 객체 또는 기타 관련 정보를 식별하는데 이용된다. 실생활에서는 의료 영상 분야에서 이미지 분할의 응용을 볼 수 있다. 이미지 분할은 X-ray, CT (Computer Tomography), MRI (Magnetic Resonance Imaging) 등의 다양한 의료 영상들로부터 특정 부분에 대한 정보를 추출하여 질병의 진단, 치료 계획과 처치를 돕는데 유용하게 사용되고 있다. [그림 4.1]의 X-ray, CT, MRI 장비는 삼성에서 제작한 기계 및 삼성병원에서 사용하고 있는 것이다.

주요 참고자료:

[1] X–ray 출처 : http://www.samsung.com/sec/business/healthcare/digital xray_view.html , CT 출처 : http://www.samsung.com/global/business/heal thcare/insights/event/rsna-2015, MRI 출처 : http://www.samsunghospital .com.
[2] An unconditionally stable hybrid method for image segmentation, Yibao Li and Junseok Kim, Applied Numerical Mathematics, Vol. 82, (2014), 32–43.

[그림 4.2]은 실제 주어진 혈관 이미지를 이용하여 원하는 혈관 이미지를 추출하는 결과를 보여주고 있다.

4.1 이미지 분할 모델

이미지 분할에 사용되는 세 가지 모델을 소개하고자 한다.

4.1.1 Mumford–Shah 모델

주어진 이미지를 $f_0(\mathbf{x})$ 라고 하자. 이 이미지는 회색톤(grayscale)으로 Ω의 영역에 표현되었다고 한다면, 다음의 함수로 표현할 수 있다.

$$f_0(\mathbf{x}) : \Omega \to [0, 1].$$

이러한 이미지에 대하여 Mumford와 Shah는 다음의 에너지 함수

$$\mathcal{E}_{\mathbf{MS}}(u, C) = \mu \, \text{Length}(C) + \int_\Omega |f_0(\mathbf{x}) - u(\mathbf{x})|^2 \mathbf{dx} + \nu \int_{\Omega \setminus C} |\nabla u(\mathbf{x})|^2 \mathbf{dx}$$

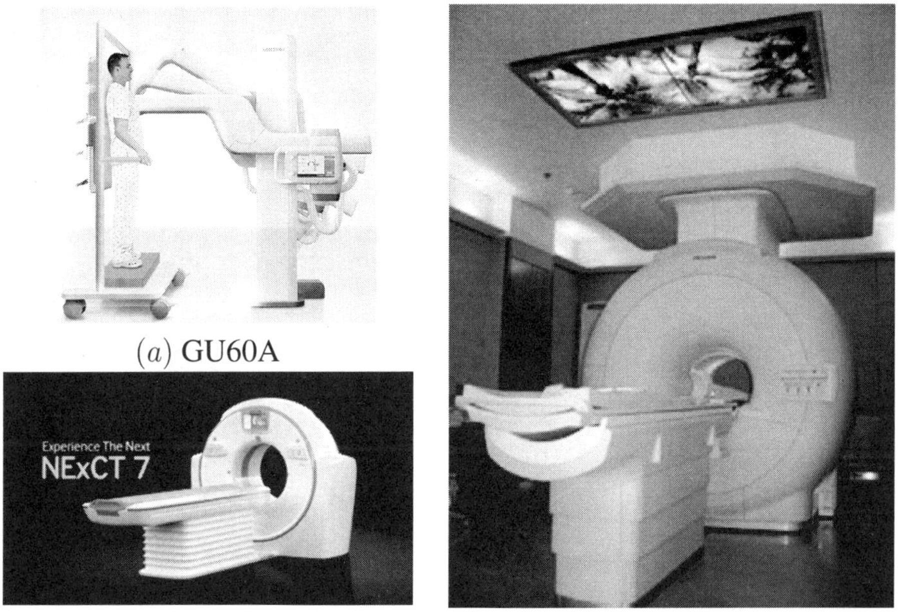

(a) GU60A

(b) NExCT7

(c) Philips Intra Achieva

그림 4.1 (a) X–ray : 파장이 10–0.01 나노미터이며, 주파수는 30×10^{15}–30×10^{15} 헤르츠 전자기파이며, 투과성이 뛰어나 의료 분야에 사용된다, (b) CT : 컴퓨터 처리가 만들어내는 단층을 사용하여 의학 화상처리 방식이다, (c) MRI : 자기장을 발생하는 자기공명 촬영 장치에 인체를 넣고 고주파를 발생시켜 신체의 수소 원자의 전자가 공명되고 이때 나오는 신호의 차이를 측정하고 컴퓨터로 재구성한다.

를 최소화함으로써 이미지 분할 (Image Segmentation)을 할 수 있음을 제안하였다 [6]. 위의 식에서 u는 f_0를 구분적으로 매끄러운 근사 (piecewise smooth approximation)를 하는 함수이며 분할하는 곡선 C는 주어진 이미지 f_0의 경계를 나타낸다. μ와 ν는 각 항의 가중 정도를

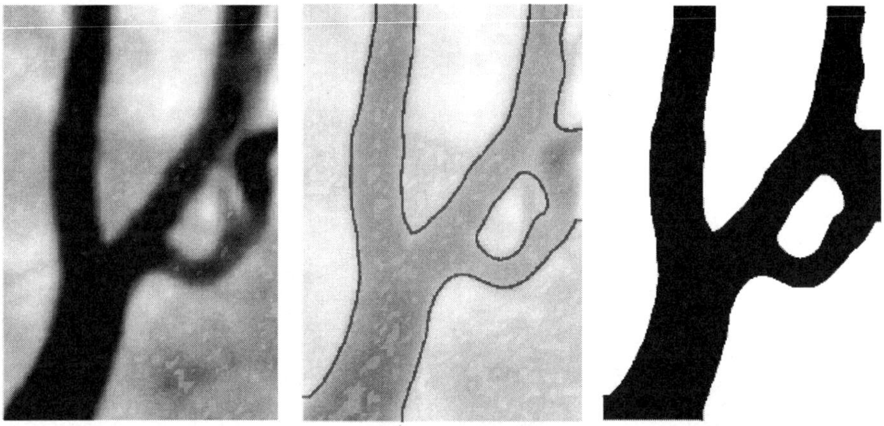

(a) 주어진 이미지 (b) 혈관 이미지 분할 (c) 혈관 이미지 추출

그림 4.2 혈관 이미지 분할 결과 예시.

결정하는 양의 상수이다.

4.1.2 Chan–Vese 모델

Chan과 Vese는 에너지 함수 (4.1)의 최소화를 위해 레벨셋(level set)을 제안하였다 [2]. 레벨셋 방법은 1988년 Osher와 Sethian에 의해 처음 소개된 수치기법으로 동적 윤곽선이 각 경계선에서 계산되는 곡률에 비례하는 속도로 움직이는 형태를 수리적으로 모형화하는데 사용되는 방법이다 [7]. 이미지 분할을 위해 임의의 지역을 곡선 C로 나타내면 다음과 같은 스칼라 거리 함수 $\phi(\mathbf{x})$의 제로값을 갖는 레벨셋으로 표현할 수 있다. 이 때, 곡선 C는 연속 함수 $\phi(\mathbf{x}) : \Omega \to \mathbb{R}$를 이용하여 다음과 같이 정의될 수 있다.

$$C = \{\mathbf{x} \mid \phi(\mathbf{x}) = 0\}.$$

여기서, ϕ는 C로부터의 부호화된 거리로 구성된 함수이고 이는 $|\nabla\phi| = 1$를 만족한다. 레벨셋 함수 ϕ에 대해서 에너지 함수는 다음과 같이 표현된다.

$$\begin{aligned}\mathcal{E}_{\text{CV}}(c_1, c_2, \phi) =& \mu \int_\Omega \delta_\epsilon(\phi(\mathbf{x}))\, |\nabla\phi(\mathbf{x})|\, d\mathbf{x} + \lambda_1 \int_\Omega |f_0(\mathbf{x}) - c_1|^2 H_\epsilon(\phi(\mathbf{x}))d\mathbf{x} \\ &+ \lambda_2 \int_\Omega |f_0(\mathbf{x}) - c_2|^2 (1 - H_\epsilon(\phi(\mathbf{x})))d\mathbf{x}.\end{aligned}$$

이 때, $H_\epsilon(\phi(\mathbf{x}))$는 정규화된 헤비사이드 함수이고, $\delta_\epsilon = H'_\epsilon$이다. 예를 들어, Chan과 Vese의 논문 [2]에서 정규화된 헤비사이드 함수는 다음과 같이 나타내었다.

$$H_\epsilon(z) = \begin{cases} 0, & \text{if } z < -\epsilon \\ 1, & \text{if } z > \epsilon \\ \dfrac{1}{\pi}\tan^{-1}\left(\frac{x}{\epsilon}\right) + \dfrac{1}{2}, & \text{if } |z| \le \epsilon. \end{cases}$$

c_1과 c_2는 주어진 이미지 f_0의 $\phi > 0$ 지역과 $\phi \le 0$에서의 평균값을 각각 의미하며, 헤비사이드 함수를 사용하여 다음의 형태로 표현가능하다.

$$c_1 = \frac{\int_\Omega f_0(\mathbf{x}) H_c(\phi(\mathbf{x}))\mathrm{d}\mathbf{x}}{\int_\Omega H_c(\phi(\mathbf{x}))\mathrm{d}\mathbf{x}}, \qquad c_2 = \frac{\int_\Omega f_0(\mathbf{x})\,(1 - H_c(\phi(\mathbf{x})))\,\mathrm{d}\mathbf{x}}{\int_\Omega (1 - H_c(\phi(\mathbf{x})))\,\mathrm{d}\mathbf{x}}.$$

또한 μ, λ_1, λ_2는 양의 매개 변수를 나타낸다. c_1과 c_2를 상수라 가정하고 그라디언트 플로우(Gradient Flow)를 사용하면 다음과 같은 방정식을 얻는다.

$$\frac{\partial\phi}{\partial t} = \delta_\epsilon(\phi)\left[\mu\nabla\cdot\left(\frac{\nabla\phi}{|\nabla\phi|}\right) - \lambda_1(f_0(\mathbf{x}) - c_1)^2 + \lambda_2(f_0(\mathbf{x}) - c_2)^2\right].$$

4.1.3 수정된 Allen–Cahn 모델

Allen–Cahn 모델을 사용한 상태장 방법 (phase-field method)에서는 $\phi(\mathbf{x})$를 $\mathbf{x}$가 곡선 C의 내부에 있으면 $\phi(\mathbf{x}) \approx 1$이고 곡선 외부에 있으면 $\phi(\mathbf{x}) \approx -1$로 정의한다. Mumford–Shah 범함수에 대한 상태장 근사 범함수는 다음과 같다.

$$\begin{aligned}\mathcal{E}(\phi) &= \int_\Omega \left(\frac{F(\phi)}{\epsilon^2} + \frac{|\nabla\phi|^2}{2}\right) d\mathbf{x} \\ &\quad + \frac{\lambda}{2}\int_\Omega \left[(1+\phi)^2(f_0-c_1)^2 + (1-\phi)^2(f_0-c_2)^2\right] d\mathbf{x}.\end{aligned} \tag{4.1}$$

c_1과 c_2는 원 이미지 f_0의 $\phi > 0$ 지역과 $\phi \le 0$ 지역에서의 평균값을 각각 의미한다.

$$c_1 = \frac{\int_\Omega f_0(\mathbf{x})(1+\phi(\mathbf{x}))d\mathbf{x}}{\int_\Omega (1+\phi(\mathbf{x}))d\mathbf{x}} \quad \text{그리고} \quad c_2 = \frac{\int_\Omega f_0(\mathbf{x})(1-\phi(\mathbf{x}))d\mathbf{x}}{\int_\Omega (1-\phi(\mathbf{x}))d\mathbf{x}}$$

수정된 Allen–Cahn 방정식을 유도하기 전에 단계적으로 열방정식, Allen–Cahn 방정식을 유도하자. 열 방정식을 유도하기 위해 다음과 같은 에너지를 생각해보자.

$$\mathcal{E}(\phi) = \int_\Omega \frac{|\nabla\phi|^2}{2} d\mathbf{x} \tag{4.2}$$

ϕ에 관해서 변분 유도체 (variational derivative)를 적용하여 $\frac{\delta\mathcal{E}}{\delta\phi}$를 구해보자. 이를 바탕으로 열 방정식을 유도한다.

$$\lim_{h\to 0}\frac{\mathcal{E}(\phi+h\psi)-\mathcal{E}(\phi)}{h} = \int_\Omega \frac{\delta\mathcal{E}}{\delta\phi}\psi d\mathbf{x} \tag{4.3}$$

식(4.3)의 좌변 식에 (4.2)를 대입하면 다음의 결과를 얻을 수 있다.

$$\begin{aligned}
&\lim_{h\to 0}\frac{1}{h}\int_\Omega\left[\frac{1}{2}|\nabla(\phi+h\psi)|^2-\frac{1}{2}|\nabla\phi|^2\right]d\mathbf{x}\\
&=\lim_{h\to 0}\frac{1}{h}\int_\Omega\left[\frac{1}{2}\nabla(\phi+h\psi)\cdot\nabla(\phi+h\psi)-\frac{1}{2}\nabla\phi\cdot\nabla\phi\right]d\mathbf{x}\\
&=\lim_{h\to 0}\frac{1}{h}\int_\Omega\left(h\nabla\phi\cdot\nabla\psi+\frac{h^2}{2}\nabla\psi\cdot\nabla\psi\right)d\mathbf{x}\\
&=\int_\Omega\nabla\phi\cdot\nabla\psi d\mathbf{x}=\int_{\partial\Omega}(n\cdot\nabla\phi)\,\psi ds-\int_\Omega(\Delta\phi)\,\psi d\mathbf{x} \qquad (4.4)\\
&=\int_\Omega\frac{\delta\mathcal{E}}{\delta\phi}\psi d\mathbf{x}.
\end{aligned}$$

여기서, (4.4)은 Green's first identity라 하고 노이만 경계 조건을 사용하기 때문에, $n\cdot\nabla\phi=0$ 이 되는 것이다. 따라서 $\int_\Omega\frac{\delta\mathcal{E}}{\delta\phi}\psi d\mathbf{x}=\int_\Omega(-\Delta\phi)\,\psi d\mathbf{x}$ 이고, $\frac{\delta\mathcal{E}}{\delta\phi}=-\Delta\phi$을 만족한다. 이를 정리하면 열 방정식을 얻는다.

$$\phi_t=-\frac{\delta\mathcal{E}}{\delta\phi}=-(-\Delta\phi)=\Delta\phi$$

이제, Allen–Cahn 방정식을 유도하기 위해 다음과 같은 에너지를 생각해보자.

$$\mathcal{E}(\phi)=\int_\Omega\left(\frac{F(\phi)}{\epsilon^2}+\frac{|\nabla\phi|^2}{2}\right)d\mathbf{x} \qquad (4.5)$$

여기서, $F(\phi)=0.25(\phi^2-1)^2$는 double-well potential이고, ϵ은 상수이다. 앞서 설명한 것 처럼 ϕ에 관해서 변분 유도체를 적용하여 $\frac{\delta\mathcal{E}}{\delta\phi}$를 구해보자. 이를 바탕으로 Allen–Cahn 방정식을 유도한다.

$$\lim_{h\to 0}\frac{\mathcal{E}(\phi+h\psi)-\mathcal{E}(\phi)}{h}=\int_\Omega\frac{\delta\mathcal{E}}{\delta\phi}\psi d\mathbf{x} \qquad (4.6)$$

식(4.6)의 좌변 식에 (4.5)를 대입하면 다음의 결과를 얻을 수 있다.

$$
\begin{aligned}
&\lim_{h\to 0}\frac{1}{h}\int_\Omega \left[\frac{F(\phi+h\psi)}{\epsilon^2}+\frac{1}{2}|\nabla(\phi+h\psi)|^2-\frac{F(\phi)}{\epsilon^2}-\frac{1}{2}|\nabla\phi|^2\right]d\mathbf{x}\\
&=\lim_{h\to 0}\frac{1}{h}\int_\Omega \left[\frac{F(\phi+h\psi)}{\epsilon^2}-\frac{F(\phi)}{\epsilon^2}+\frac{1}{2}\nabla(\phi+h\psi)\cdot\nabla(\phi+h\psi)-\frac{1}{2}\nabla\phi\cdot\nabla\phi\right]\\
&=\int_\Omega\left[\frac{F'(\phi)}{\epsilon^2}-\Delta\phi\right]\psi d\mathbf{x}=\int_\Omega\frac{\delta\mathcal{E}}{\delta\phi}\psi d\mathbf{x}.
\end{aligned}
$$

열 방정식을 유도할때 사용한 노이만 경계 조건으로 계산한 것이다. 따라서 $\int_\Omega\left[\frac{F'(\phi)}{\epsilon^2}-\Delta\phi\right]\psi d\mathbf{x}=\int_\Omega\frac{\delta\mathcal{E}}{\delta\phi}\psi d\mathbf{x}$ 이고, $\frac{\delta\mathcal{E}}{\delta\phi}=\frac{F'(\phi)}{\epsilon^2}-\Delta\phi$을 만족한다. 이를 정리하면 Allen–Cahn 방정식을 얻는다.

$$
\phi_t=-\frac{\delta\mathcal{E}}{\delta\phi}=-\frac{F'(\phi)}{\epsilon^2}+\Delta\phi
$$

마지막으로, 수정된 Allen–Cahn 방정식을 유도하기 위해 다음과 같은 에너지를 생각해보자.

$$
\begin{aligned}
\mathcal{E}(\phi)=&\int_\Omega\left(\frac{F(\phi)}{\epsilon^2}+\frac{|\nabla\phi|^2}{2}\right)d\mathbf{x}\\
&+\frac{\lambda}{2}\int_\Omega\left[(1+\phi)^2(f_0-c_1)^2+(1-\phi)^2(f_0-c_2)^2\right]d\mathbf{x}.
\end{aligned}
\tag{4.7}
$$

여기서, c_1, c_2는 상수라고 가정하자. 유도과정은 다음과 같다.

$$
\lim_{h\to 0}\frac{\mathcal{E}(\phi+h\psi)-\mathcal{E}(\phi)}{h}=\int_\Omega\frac{\delta\mathcal{E}}{\delta\phi}\psi d\mathbf{x} \tag{4.8}
$$

식(4.8)의 좌변 식에 (4.7)를 대입하면 다음의 결과를 얻을 수 있다.

$$\begin{aligned}
&\lim_{h\to 0}\frac{1}{h}\int_\Omega\left(\frac{F(\phi+h\psi)-F(\phi)}{\epsilon^2}+\frac{|\nabla(\phi+h\psi)-\nabla\phi|^2}{2}\right)d\mathbf{x}\\
&\quad+\lim_{h\to 0}\frac{\lambda}{2h}\int_\Omega\Big[(1+\phi+h\psi)^2(f_0-c_1)^2+(1-\phi-h\psi)^2(f_0-c_2)^2\\
&\qquad\qquad -(1+\phi)^2(f_0-c_1)^2-(1-\phi)^2(f_0-c_2)^2\Big]\,d\mathbf{x}\\
&=\int_\Omega\left[\frac{F'(\phi)}{\epsilon^2}-\Delta\phi\right]\psi d\mathbf{x}+\lim_{h\to 0}\frac{\lambda}{2h}\int_\Omega\Big[(f_0-c_1)^2(2+2\phi+h\psi)h\psi\\
&\qquad\qquad -(f_0-c_2)^2(2-2\phi-h\psi)h\psi\Big]\,d\mathbf{x}\\
&=\int_\Omega\left[\frac{F'(\phi)}{\epsilon^2}-\Delta\phi\right]\psi d\mathbf{x}+\lambda\int_\Omega\Big[(f_0-c_1)^2(1+\phi)\\
&\qquad\qquad -(f_0-c_2)^2(1-\phi)\Big]\,\psi d\mathbf{x}\\
&=\int_\Omega\left[\frac{F'(\phi)}{\epsilon^2}-\Delta\phi+\lambda\Big[(f_0-c_1)^2(1+\phi)\ -(f_0-c_2)^2(1-\phi)\Big]\,\psi d\mathbf{x}\right.
\end{aligned}$$

에너지 함수 (4.1)를 ϕ에 대하여 변분 유도체 (variational derivative)를 적용여 구하면 다음과 같은 편미분 방정식을 얻는다.

$$\phi_t=-\frac{F'(\phi)}{\epsilon^2}+\Delta\phi-\lambda[(1+\phi)\,(f_0-c_1)^2-(1-\phi)\,(f_0-c_2)^2] \quad (4.9)$$

수정된 Allen–Cahn 모델을 사용한 이미지 분할에 대해서 조금 더 자세한 내용은 논문 [5]을 참조한다.

4.2 수치해

이제, 명시적 유한차분법(explicit finite difference method)을 사용하여 수정된 Allen–Cahn 방정식 (4.9)의 수치해를 구해보자. 이미지 분할을 수행할 이미지 f_0가 영역 $\Omega = (a,b) \times (c,d)$에 정의되었다고 하자. 계산을 위해 계산영역을 다음과 같이 이산화하자.

$$\Omega_h = \{(x_i, y_j) : x_i = a + (i-0.5)h,\ y_j = c + (j-0.5)h,\\ 1 \le i \le N_x,\ 1 \le j \le N_y\}.$$

확장된 영역 $\bar{\Omega}_h$은 다음과 같다.

$$\bar{\Omega}_h = \{(x_i, y_j) : x_i = a + (i-1.5)h,\ y_j = c + (j-1.5)h,\\ 1 \le i \le N_x + 2,\ 1 \le j \le N_y + 2\}.$$

여기서, N_x와 N_y는 x와 y 방향의 이미지 픽셀 수이고 $h = (b-a)/N_x = (d-c)/N_y$는 공간간격이다. Δt를 시간간격이라고 했을 때, 수치근사해는 $\phi(x_i, y_j, n\Delta t)$으로 정의되며, 편의상 이를 ϕ_{ij}^n으로 표기하자.
수정된 Allen–Cahn 방정식의 수치해를 구하기 전에
1) 열방정식 $\phi_t = \Delta\phi$,
2) Allen–Cahn 방정식 $\phi_t = -\frac{F'(\phi)}{\epsilon^2} + \Delta\phi$,
의 수치해를 먼저 구해보자. 열 방정식의 좌변을 Taylor 정리를 사용하여 구하면 다음과 같다.

$$\phi_{ij}^{n+1} = \phi_{ij}^n + (\phi_t)_{ij}^n \Delta t + \frac{1}{2}(\phi_{tt})_{ij}^n (\Delta t)^2 + O(\Delta t^3)$$

$$\frac{\phi_{ij}^{n+1} - \phi_{ij}^{n}}{\Delta t} = (\phi_t)_{ij}^n + \frac{1}{2}(\phi_{tt})_{ij}^n \Delta t + O(\Delta t^2)$$
$$\frac{\phi_{ij}^{n+1} - \phi_{ij}^{n}}{\Delta t} = (\phi_t)_{ij}^n + O(\Delta t)$$

여기서, Δt 값은 작은 수이므로, first order로 계산한다. 또한, 열 방정식의 우변을 유도하기위해, (i, j) 을 기준으로 동, 서, 남, 북으로 h 만큼 Talyor 정리를 하면 다음을 얻을 수 있다.

$$\phi_{i+1,j}^n = \phi_{ij}^n + (\phi_x)_{ij}^n h + \frac{1}{2}(\phi_{xx})_{ij}^n h^2 + \frac{1}{3!}(\phi_{xxx})_{ij}^n h^3 + O(h^4)$$
$$\phi_{i-1,j}^n = \phi_{ij}^n - (\phi_x)_{ij}^n h + \frac{1}{2}(\phi_{xx})_{ij}^n h^2 - \frac{1}{3!}(\phi_{xxx})_{ij}^n h^3 + O(h^4)$$
$$\phi_{i,j+1}^n = \phi_{ij}^n + (\phi_y)_{ij}^n h + \frac{1}{2}(\phi_{yy})_{ij}^n h^2 + \frac{1}{3!}(\phi_{yyy})_{ij}^n h^3 + O(h^4)$$
$$\phi_{i,j-1}^n = \phi_{ij}^n - (\phi_y)_{ij}^n h + \frac{1}{2}(\phi_{yy})_{ij}^n h^2 - \frac{1}{3!}(\phi_{yyy})_{ij}^n h^3 + O(h^4)$$

이제 위의 4개 식을 모두 더하고 정리하면 다음의 식을 얻게 된다.

$$(\phi_{xx})_{ij}^n + (\phi_{yy})_{ij}^n = \frac{1}{h^2}(\phi_{i-1,j}^n + \phi_{i+1,j}^n - 4\phi_{ij}^n + \phi_{i,j-1}^n + \phi_{i,j+1}^n) + O(h^2)$$

따라서, 열방정식을 다음과 같이 이산화하여 나타낼 수 있다.

$$\frac{\phi_{ij}^{n+1} - \phi_{ij}^{n}}{\Delta t} + O(\Delta t) = \frac{1}{h^2}(\phi_{i-1,j}^n + \phi_{i+1,j}^n - 4\phi_{ij}^n + \phi_{i,j-1}^n + \phi_{i,j+1}^n) + O(h^2),$$
$$\phi_{ij}^{n+1} = \phi_{ij}^n + \Delta t \Delta_h \phi_{ij}^n.$$

여기서, $\Delta_h \phi_{ij}^n = \left(\phi_{i-1,j}^n + \phi_{i+1,j}^n - 4\phi_{ij}^n + \phi_{i,j-1}^n + \phi_{i,j+1}^n\right)/h^2$ 이다.

초깃값을 다음으로 정하고

$$\phi(x, y, 0) = \begin{cases} 3, & \text{if} \quad 5 < x < 12 \quad, \; 7 < y < 20, \\ 1, & \text{else.} \end{cases}$$

경계조건을 다음과 같이 해서

$$\begin{cases} \phi^n_{1,j} = \phi^n_{2,j} \ , \ \phi^n_{N_x+2,j} = \phi^n_{N_x+1,j} & 1 \leqslant j \leqslant N_y \ , \\ \phi^n_{i,1} = \phi^n_{i,2} \ , \ \phi^n_{i,N_y+2} = \phi^n_{i,N_y+1} & 1 \leqslant i \leqslant N_x \ . \end{cases}$$

열방정식을 MATLAB 코드로 구현하면 다음 코드와 같다. 그림 [4.3]은 그에 대한 결과이다.

MATLAB 4.2.1

```
                          % Heat2D.m %
clear all;
Nx=20; Ny=30; dt=0.1; h=1.0;
x=linspace(-0.5*h,h*(Nx+0.5),Nx+2);
y=linspace(-0.5*h,h*(Ny+0.5),Ny+2);
pn(1:Nx+2,1:Ny+2)=0;
pnp=pn;
for i=1:Nx+1
    for j=1:Ny+1
        if x(i)>5 && x(i)<12 && y(j)>7 && y(j)<20
            pn(i,j)=3;
        else
            pn(i,j)=1;
        end
    end
end
ip=pn;
clf
```

```
subplot(2,1,1)
mesh(x(2:Nx+1),y(2:Ny+1),pn(2:Nx+1,2:Ny+1)');colormap([0 0 0])
for iter=1:100
    pn(1,:)=pn(2,:);
    pn(Nx+2,:)=pn(Nx+1,:);
    pn(:,1)=pn(:,2);
    pn(:,Ny+2)=pn(:,Ny+1);
    for i=2:Nx+1
        for j=2:Ny+1
            pnp(i,j)=pn(i,j)+dt*((pn(i-1,j)+pn(i+1,j)...
                +pn(i,j-1)+pn(i,j+1)-4.0*pn(i,j))/h^2);
        end
    end
    pn=pnp;
    subplot(2,1,2)
    mesh(x(2:Nx+1),y(2:Ny+1),pn(2:Nx+1,2:Ny+1)');
    colormap([0 0 0])
    axis([x(1) x(Nx+2) y(1) y(Ny+2) 1 3])
    pause(0.1)
end
figure(2)
mesh(x(2:Nx+1),y(2:Ny+1),ip(2:Nx+1,2:Ny+1)');colormap([0 0 0])
axis tight;
figure(3)
mesh(x(2:Nx+1),y(2:Ny+1),pn(2:Nx+1,2:Ny+1)');colormap([0 0 0])
axis tight;
```

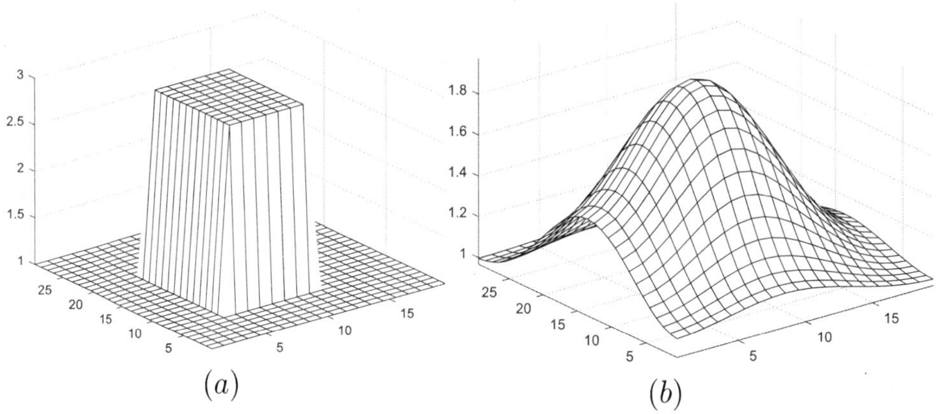

그림 4.3 (a) 초깃값, (b) 반복을 100번 했을 때 변화

다음으로, Allen–Cahn 방정식을 이산화하면 다음의 식을 얻는다.

$$\frac{\phi_{ij}^{n+1}-\phi_{ij}^{n}}{\Delta t}=\frac{\phi_{ij}^{n}-\left(\phi_{ij}^{n}\right)^{3}}{\epsilon^{2}}+\Delta_h\phi_{ij}^{n},$$

$$\phi_{ij}^{n+1}=\phi_{ij}^{n}+\Delta t\left(\frac{\phi_{ij}^{n}-\left(\phi_{ij}^{n}\right)^{3}}{\epsilon^{2}}+\Delta_h\phi_{ij}^{n}\right).$$

다음은 Allen–Cahn 방정식을 MATLAB 코드로 구현한 것이다. 그림 [4.4]은 그에 대한 결과이다.

MATLAB 4.2.2

```
                        % AllenCahn2D.m %
clear; Nx=50; Ny=50; h=1/Nx;
x=linspace(-0.5*h,h*(Nx+0.5),Nx+2);
y=linspace(-0.5*h,h*(Ny+0.5),Ny+2);
```

```
dt=0.1*h^2; eps=0.03;
pn(1:Nx+2,1:Ny+2)=0;
pnp=pn;
for i=1:Nx+1
    for j=1:Ny+1
        if (x(i)>0.5)
            pn(i,j)=0.1;
        else
            pn(i,j)=-0.1;
        end
    end
end
q=pn;

for iter=1:300
    figure(2); clf
    subplot(2,1,1)
    mesh(x(2:Nx+1),y(2:Ny+1),q(2:Nx+1,2:Ny+1)');
    colormap([0 0 0])
    axis([x(1) x(Nx+2) y(1) y(Ny+2) -1 1])
    pn(1,:)=pn(2,:);
    pn(Nx+2,:)=pn(Nx+1,:);
    pn(:,1)=pn(:,2);
    pn(:,Ny+2)=pn(:,Ny+1);
    for i=2:Nx+1
        for j=2:Ny+1
```

```
                pnp(i,j)=pn(i,j) ...
                    +dt*(pn(i,j)-pn(i,j)^3)/eps^2 ...
                    +dt*( (pn(i-1,j)+pn(i+1,j)...
                    +pn(i,j-1)+pn(i,j+1)-4.0*pn(i,j))/h^2);
            end
        end
        pn=pnp;
        subplot(2,1,2)
        mesh(x(2:Nx+1),y(2:Ny+1),pn(2:Nx+1,2:Ny+1)');
        colormap([0 0 0])
        axis([x(1) x(Nx+2) y(1) y(Ny+2) -1 1])
        pause(0.05)
end
figure(1)
mesh(x(2:Nx+1),y(2:Ny+1),q(2:Nx+1,2:Ny+1)');colormap([0 0 0])
axis([x(1) x(Nx+2) y(1) y(Ny+2) -1 1])
figure(3)
 mesh(x(2:Nx+1),y(2:Ny+1),pn(2:Nx+1,2:Ny+1)');colormap([0 0 0])
 axis([x(1) x(Nx+2) y(1) y(Ny+2) -1 1])
```

식 (4.9)은 명시적 방법에 따라 다음과 같이 표현할 수 있다.

$$
\begin{aligned}
\phi_{ij}^{n+1} = \phi_{ij}^{n} + \Delta t \Big[-\frac{F'(\phi_{ij}^{n})}{\epsilon^2} + \Delta_h \phi_{ij}^{n} \\
-\lambda \left[(1+\phi_{ij}^{n})(f_0 - c_1^n)^2 - (1-\phi_{ij}^{n})(f_0 - c_2^n)^2 \right] \Big],
\end{aligned}
\tag{4.10}
$$

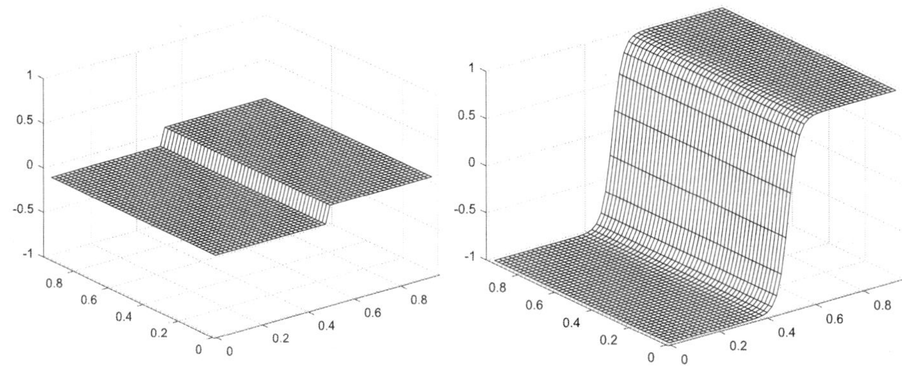

(a) (b)

그림 4.4 (a) 초기값, (b) 반복을 300번 했을 때 변화

위 식에서 c_1^n과 c_2^n는 다음과 같이 정의된다.

$$c_1^n = \frac{\sum_{i=1}^{N_x}\sum_{j=1}^{N_y} f_{0,ij}(1+\phi_{ij}^n)}{\sum_{i=1}^{N_x}\sum_{j=1}^{N_y}(1+\phi_{ij}^n)} \quad \text{그리고} \quad c_2^n = \frac{\sum_{i=1}^{N_x}\sum_{j=1}^{N_y} f_{0,ij}(1-\phi_{ij}^n)}{\sum_{i=1}^{N_x}\sum_{j=1}^{N_y}(1-\phi_{ij}^n)}.$$

4.3 계산결과

다음 결과는 임의의 혈관 이미지가 주어졌을 때 본 장에서 제시한 수정된 Allen–Cahn방법에 의해 이미지 분할을 하는 과정을 보여주고 있다. [그림 4.5]은 시간 $t = 0.5,\ 1,\ 2$일 때 이미지 분할이 어떻게 이루어지는 지 빨간 선으로 보여주고 있다. 이 테스트에서 우리는 $h = 1$,

$\Delta t = 0.1,\ N_t = 50,\ \epsilon = h^2,\ \lambda = 10$을 사용하였다.

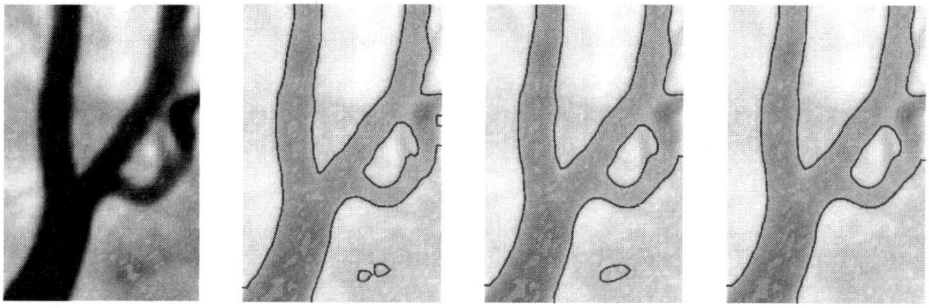

(a) (b) (c) (d)

그림 4.5 (a) 주어진 이미지 , (b) $t = 0.5$, (c) $t = 1$, (d) $t = 2$

다음 MATLAB 코드로 [그림 4.5]와 동일한 결과를 얻을 수 있다. 여기서 사용된 혈관 이미지는 아래 주소에서 다운 가능하다.

http://elie.korea.ac.kr/~cfdkim/data/blood_vessel.gif

MATLAB 4.3.1

```
                          % Imageseg.m %
clear all;
f = imread('blood_vessel.gif');
f = double(f);
f0 = (f - min(min(f)))/(max(max(f)) - min(min(f)));
[Nx, Ny] = size(f0); h = 1.0; dt = 0.1*h*h;
x = linspace(-0.5*h, h*Nx+0.5*h, Nx+2);
y = linspace(-0.5*h, h*Ny+0.5*h, Ny+2);
```

```
eps2 = h^2; lambda = 10.0;
oldphi(1:Nx+2,1:Ny+2)=0;
oldphi(2:Nx+1,2:Ny+1)= 2*f0 - 1;
newphi=oldphi;
for iter = 1:25
 c1 = sum(sum(f0.*(1.0+oldphi(2:Nx+1,2:Ny+1)))) ...
     /sum(sum(1.0+oldphi(2:Nx+1,2:Ny+1)));
 c2 = sum(sum(f0.*(1.0-oldphi(2:Nx+1,2:Ny+1)))) ...
     /sum(sum(1.0-oldphi(2:Nx+1,2:Ny+1)));
 oldphi(1,:) = oldphi(2,:); oldphi(Nx+2,:) = oldphi(Nx+1,:);
 oldphi(:,1) = oldphi(:,2); oldphi(:,Ny+2) = oldphi(:,Ny+1);
 for i = 2:Nx+1
 for j = 2:Ny+1
  newphi(i,j) = oldphi(i,j)+dt*((oldphi(i,j) ...
               -oldphi(i,j)^3)/eps2+(oldphi(i-1,j) ...
               +oldphi(i+1,j)+oldphi(i,j-1)+oldphi(i,j+1) ...
               -4.0*oldphi(i,j))/h^2 ...
             -lambda*( (1.0+oldphi(i,j))*(f0(i-1,j-1)-c1)^2 ...
                     -(1.0-oldphi(i,j))*(f0(i-1,j-1)-c2)^2));
      end
 end
   oldphi = newphi;
   figure(1); clf; hold on; surf(x(2:Nx+1),y(2:Ny+1), f0');
   shading interp; colormap gray; axis image;
   axis([0 Nx*h 0 Ny*h -1 1]); axis off;
   contour(x(2:Nx+1),y(2:Ny+1),oldphi(2:Nx+1,2:Ny+1)', ...
```

```
          [0 0],'color','r','linewidth',2);
    view(180,-90); pause(0.2)
end
```

이미지 분할을 하는 편미분방정식 (4.9)은 변수 λ와 ϵ의 값에 따라 다른 결과를 나타낸다. 이는 다음 [그림 4.6]에서 확인할 수 있다. 위 테스트를 위해 우리는 $h = 1$, $\Delta t = 0.01$, $N_t = 300$을 이용하였고, 각 테스트에서 사용된 ϵ과 λ는 그림의 좌측과 하단에 각각 표시하였다. [그림 4.6]에서 볼 수 있듯이 ϵ이 커질수록 이미지 분할을 위한 결과가 좀 더 부드러워지고, λ가 작아질수록 이미지 분할 결과가 원래 이미지에 가깝게 결과가 도출됨을 확인할 수 있었다. 이에 따라 이미지 분할을 위해 주어진 이미지에 적당한 ϵ과 λ의 선택이 필요하다.

$\epsilon = h^2$

$\epsilon = 2h^2$

$\epsilon = 3h^2$

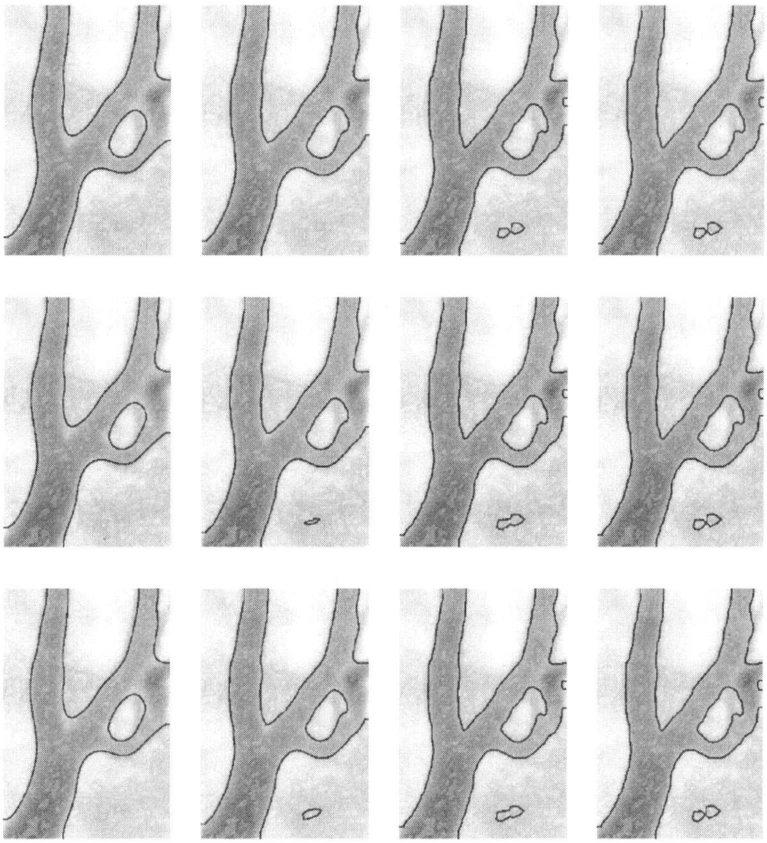

$\lambda = 1$ $\lambda = 10$ $\lambda = 100$ $\lambda = 300$

그림 4.6 ϵ과 λ에 따른 이미지 분할 비교 결과.

제 5 장

전염병 모델 (SIR model)

집단 내에서 일어나는 전염병의 원인을 규명하는 학문을 역학(epidemiology)이라 한다. 본 장에서는 이러한 역학에서 다루는 가장 기본적인 모델인 SIR 모델에 대하여 다루고자 한다.
주요 참고자료:
[1] Nicholas F. Britton, Essential Mathematical Biology, Springer Verlag, 2003.

5.1 수리모델

SIR 모델에서는 전체 인구수 N이 변하지 않는다는 가정 하에 시간 t에서 전체 인구를 감염 가능성이 있는 개체 (Susceptible $S(t)$), 감염된 개체 (Infected $I(t)$), 그리고 회복된 개체 (Removed $R(t)$)의 3가지 집단으로 분류한다. 모든 개체들은 질병에 감염되면 질병에 대한 면역이 생겨서 재감염 되지 않고, 다른 개체에게도 감염시키지 않는다는 가정을 취한다. [그림 5.1]에서와 같이 SIR 모델은 전체 개체가 S 집단에서 I 집단으로, I 집단에서 R 집단으로 이동한다.

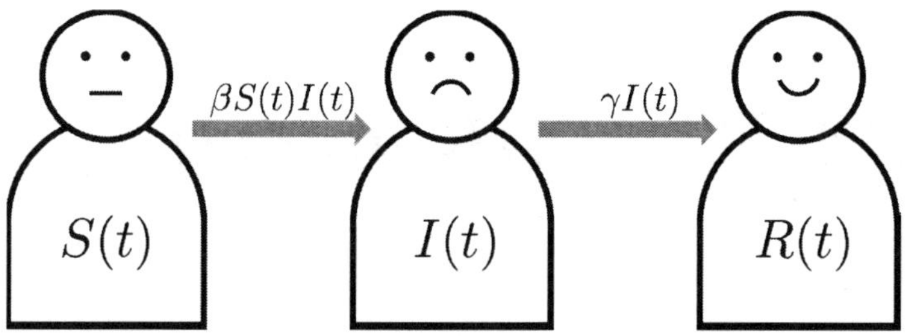

그림 5.1 SIR 모델에서 정의된 개체 및 그 이동.

이러한 SIR 모델에 대한 상미분 방정식은 다음과 같다.

$$\frac{dS(t)}{dt} = -\beta S(t)I(t), \tag{5.1}$$

$$\frac{dI(t)}{dt} = \beta S(t)I(t) - \gamma I(t), \tag{5.2}$$

$$\frac{dR(t)}{dt} = \gamma I(t), \qquad a \le t \le b. \tag{5.3}$$

여기서, β와 γ는 질병에 대한 단위시간당 감염률과 회복되는 사람 수를 각각 나타낸다 [8]. 위 SIR 모델에 대한 상미분 방정식은 다음의 가정에 의해 만들어진다.

먼저, 전체 인구의 개개인은 동일한 확률로 질병의 감염율 β가 같다는 것이다. 따라서 감염자 한 명 당 단위시간 당 새롭게 발생하는 감염자의 수는 βSI가 된다 [1]. 또한, 새로운 감염자의 수는 S에서 I로 건너가게 되고, 마찬가지로 I에서 회복한 사람들은 R로 건너가게 되는데, 이 속도를 결정하는 계수가 단위시간당 회복율(γ) 혹은 평균 감염시간($1/\gamma$)이 된다. 이때 연속적으로 발생하는 일련의 과정들은 질량작용의 보존(Law of mass action)을 따른다고 한다. 즉, 각 그룹 사이의 구성원이 이동할 때의 속도가 그룹의 크기에 비례한다는 의미이다 [3]. 마지막으로, 감염병의 감염 속도와 회복 속도가 출생이나 죽음으로 인한 개체 수의 변화보다 빠르기 때문에 출생과 죽음으로 인한 개체 수의 변화를 무시한다는 가정을 취한다.

SIR 방정식 (5.1)–(5.3)의 초기 조건은 $S(0) = S^0$, $I(0) = I^0$, $R(0) = R^0$로 놓고, I^0와 R^0는 둘 다 0이 아니라고 가정한다. 또한 전체 인구수 N은 변하지 않는다고 가정하면, 모든 시간 t에서 $S(t)+I(t)+R(t) = N$을 만족한다. 따라서, 위 성질에 따라 식 (5.1)과 (5.2)만 계산하면 $R(t)$은 자연스럽게 $R(t) = N - S(t) - I(t)$으로 결정된다.

다음으로 지배방정식의 무차원화를 고려해보자. 먼저, 다음의 무차원 변수를 정의하자:

$$u(t) = S(t)/N,\ v(t) = I(t)/N,\ w(t) = R(t)/N,\ \text{그리고}\ \tau = t\gamma.$$

전체 인구 수 보존 성질에 따라 위 무차원 변수들은 $w(t) = 1-u(t)-v(t)$를 만족한다. 편의상 $t = f(\tau)$라 하자. 양변을 t에 관해서 미분하면 $1 = f'(\tau)\frac{d\tau}{dt}$, 즉, $\frac{d\tau}{dt} = 1/f'(\tau)$으로 표현할 수 있다.

식 (5.1)은 연쇄법칙에 의해 다음과 같이 표현할 수 있다.

$$\frac{dS(t)}{dt} = \frac{dS(t)}{d\tau}\frac{d\tau}{dt} = -\beta S(t)I(t). \tag{5.4}$$

위 식 (5.4)에 무차원 변수를 대입하면,

$$\frac{du(t)}{d\tau} = -\beta f'(\tau)Nu(t)v(t) \tag{5.5}$$

을 얻게 되고, 식 (5.5)에 $t = f(\tau)$를 대입하여 정리하면 다음과 같다.

$$\frac{du(f(\tau))}{d\tau} = -\beta f'(\tau)Nu(f(\tau))v(f(\tau)). \tag{5.6}$$

여기서, 각 합성함수 $u(f(\tau))$, $v(f(\tau))$, $w(f(\tau))$를 단순화를 위해 다음과 같이 정의하자.

$$U(\tau) = u(f(\tau)) = (u \circ f)(\tau), \tag{5.7}$$

$$V(\tau) = v(f(\tau)) = (v \circ f)(\tau), \tag{5.8}$$

$$W(\tau) = w(f(\tau)) = (w \circ f)(\tau). \tag{5.9}$$

그러면, 식 (5.6)은 다음과 같이 쓸 수 있다.

$$\frac{dU(\tau)}{d\tau} = -\beta f'(\tau)NU(\tau)V(\tau). \tag{5.10}$$

$f(\tau) = \tau/\gamma$인 경우, 식 (5.10)는 다음과 같이 정리된다.

$$\frac{dU(\tau)}{d\tau} = -\frac{\beta N}{\gamma}U(\tau)V(\tau). \tag{5.11}$$

나머지 식 (5.2), (5.3) 도 위의 방법과 마찬가지로 무차원화를 취하면 된다. 따라서, 본 장에서 제시한 수리방정식 (5.1)–(5.3) 은 다음의 무차원 방정식으로 정리 가능하다.

$$\frac{dU(\tau)}{d\tau} = -R_0 U(\tau)V(\tau), \;\; U(0) = S^0/N, \tag{5.12}$$

$$\frac{dV(\tau)}{d\tau} = R_0 U(\tau)V(\tau) - V(\tau), \;\; V(0) = I^0/N, \tag{5.13}$$

$$\frac{dW(\tau)}{d\tau} = V(\tau), \;\; W(0) = R^0/N, \qquad \gamma a \le \tau \le \gamma b. \tag{5.14}$$

여기서 $R_0 = \beta N/\gamma$ 은 기본감염재생산수 (Basic reproductive number) 로 어떤 집단의 모든 인구가 감수성 (susceptible) 이 있다고 가정할 때 한 명의 감염병 환자가 감염 가능 기간 동안 직접 감염시키는 평균 인원 수이다. 기본감염재생산수 R_0 는 질병마다 다른데, 예를 들어, 홍역은 $12 \sim 18$, 볼거리는 $4 \sim 7$, 디프테리아는 $6 \sim 7$ 이다.

5.2 수치방법

오일러 방법을 이용하여 방정식 (5.12)–(5.14) 의 수치해를 구해보자. 먼저, 방정식을 풀기 위한 계산 구간 $[\gamma a, \gamma b]$ 에 격자점을 정의하자. 구간 $[\gamma a, \gamma b]$ 를 N_τ 개의 부분구간으로 분할 하였을 때, 각각의 격자점을 $\tau_i = \gamma a + i\Delta\tau$ $(i = 0, 1, 2, \ldots, N_\tau)$ 이라고 하자. 이 때, $\Delta\tau = \gamma(b-a)/N_\tau$ 이 부분구간의 크기가 된다.

오일러 방법은 테일러 정리를 이용하여 유도된다. 테일러 정리를 통해 $U(\tau_{i+1})$을 $\tau = \tau_i$에서 전개를 하면 다음의 식을 얻을 수 있다.

$$U(\tau_{i+1}) = U(\tau_i) + \Delta\tau \frac{\mathrm{d}U(\tau_i)}{\mathrm{d}\tau} + \frac{(\Delta\tau)^2}{2}\frac{\mathrm{d}^2U(\tau_i)}{\mathrm{d}\tau^2} + \frac{(\Delta\tau)^3}{6}\frac{\mathrm{d}^3U(\tau_i)}{\mathrm{d}\tau^3} + \cdots \tag{5.15}$$

위 식 (5.15)에서 일차 미분항까지 취하면 (명시적) 오일러 방법이 된다.

$$U(\tau_{i+1}) = U(\tau_i) + \Delta\tau \frac{\mathrm{d}U(\tau_i)}{\mathrm{d}\tau}. \tag{5.16}$$

표기의 단순화를 위해 우리는 근사해를 다음과 같이 표현하자:

$$U_i = U(\tau_i),\ \ V_i = V(\tau_i),\ \ \text{그리고}\ \ W_i = W(\tau_i).$$

주어진 초기조건 U_0, V_0, W_0을 가지고 앞서 제시한 명시적 오일러 방법을 방정식 (5.12)–(5.14)에 적용하면 다음의 근사해를 얻을 수 있다.

$$U_{i+1} = U_i - \Delta\tau R_0 U_i V_i, \tag{5.17}$$

$$V_{i+1} = V_i + \Delta\tau (R_0 U_i V_i - V_i), \tag{5.18}$$

$$W_{i+1} = W_i + \Delta\tau V_i. \qquad (i = 0, 1, \cdots, N_\tau) \tag{5.19}$$

5.3 수치결과

예를 통해 본 모델의 수치해를 살펴보자. 어느 지역에서 감염병 A가 발생했다고 가정해보자. 전염 초기 대부분의 사람들은 거의 면역을 가지고 있지 않다고 가정할 것이다. 만약, 발생 초기 감염 가능성이 있는 인구 (즉, 면역이 없는 인구)가 $10,000$명이 있고, 10명을 초기 감염자로 가정한다면 다음의 초기 조건을 정의할 수 있다:

$$S^0 = 10,000, \ \ I^0 = 10, \ \ R^0 = 0, \ \ N = 10,010.$$

무차원 변수의 초기조건으로 변환하면 다음과 같다.

$$\begin{aligned} U(0) &= \frac{S^0}{N} = \frac{10,000}{10,010} \approx 1, \\ V(0) &= \frac{I^0}{N} = \frac{10}{10,010} \approx 1.0\text{E-3}, \\ W(0) &= \frac{R^0}{N} = 0. \end{aligned}$$

위의 초기조건을 이용하여 $\Delta\tau = 0.01$, $a = 0$, $b = 100$인 경우의 수치해를 계산해보자. $U(\tau) + V(\tau) + W(\tau) = 1$의 성질에 따라 우리는 다음과 같이 풀 것이다.

$$U_{i+1} = U_i - \Delta\tau R_0 U_i V_i, \tag{5.20}$$

$$V_{i+1} = V_i + \Delta\tau(R_0 U_i V_i - V_i), \tag{5.21}$$

$$W_{i+1} = 1 - U_i - V_i. \tag{5.22}$$

만약 이 감염병이 단위시간(하루) 동안 한 명이 감염시킬 수 있는 비율 (감염율)을 $\beta = 5.0E\text{-}5$, 완치되는 사람 수를 $\gamma = 0.3$이라고 가정해보자. 그러면 기본감염재생산수 $R_0 \approx 1.67$로 결정되고 이는 한 명의 감염자가 감염가능 기간동안 직접 감염시키는 평균인원수가 약 1.67명이라는 의미를 갖는다. 또한 $1/\gamma$는 감염자 한 명의 평균 감염

(완치) 기간을 뜻하게 된다. 본 예의 경우, $1/\gamma = 1/0.3$으로 감염자가 완치되는데 걸리는 시간이 약 3.3일임을 의미하게 된다. [그림 5.2(a)]

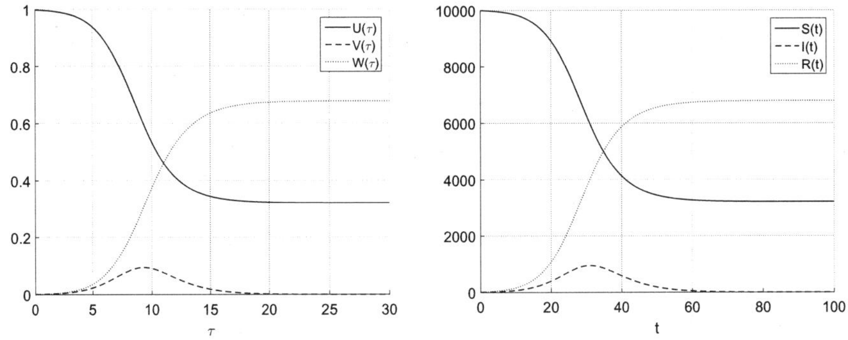

(a) (b)

그림 5.2 명시적 오일러 방법을 이용한 SIR 모델 수치결과 : (a) 무차원 변수 U, V, W에 따른 결과와 (b) 실제 예측 S, I, R의 결과.

는 명시적 오일러 방법을 이용하여 계산된 무차원 SIR 방정식의 수치 결과를 보여주는 그래프이다. 그리고 실제 예측 값으로 변환된 S, I, R의 시간에 따른 결과는 [그림 5.2(b)]에서 볼 수 있다. 어느 일정 시간 ($t = 70$)에서 감염자의 수가 일정하게 유지되는 것으로 보아 이 감염병 A는 거의 소강된 상황으로 해석해볼 수 있을 것이다.

[그림 5.2]의 결과는 다음 MATLAB 코드 (`SIRmodel.m`)을 실행하면 얻을 수 있다.

MATLAB 5.3.1

```
                         % SIRmodel.m
clear; a = 0; b = 100; dt = 0.1; n = (b-a)/dt;
```

```
t = linspace(a,b,n+1); gamma = 0.3; tau = gamma*t;
dtau = tau(2)-tau(1); S0 = 10000; I0 = 10; N = S0+I0;
beta = 5.0E-5;  R0 = beta*N/gamma
% Non-dimensionalization
U(1) = S0/N; V(1) = I0/N;
for i = 1:n
    U(i+1) = U(i) - dtau*R0*U(i)*V(i);
    V(i+1) = V(i) + dtau*(R0*U(i)*V(i) - V(i));
end
W = 1 - U - V;
% Dimensionalization
S = N*U; I = N*V; R = N - S - U;
figure(1); hold on
plot(tau,U,'k-','linewidth',1.3);
plot(tau,V,'r--','linewidth',1.3);
plot(tau,W,'b:','linewidth',1.3);
legend('U(\tau)','V(\tau)','W(\tau)')
grid on; set(gca,'fontsize',18); xlabel('\tau');
figure(2); hold on
plot(t,S,'k-','linewidth',1.3);
plot(t,I,'r--','linewidth',1.3);
plot(t,R,'b:','linewidth',1.3);
legend('S(t)','I(t)','R(t)')
grid on; set(gca,'fontsize',18); xlabel('t');
```

SIR 모델을 이용하여 감염병의 위험 정도를 추정할 때 기본감염재생산수 R_0의 값을 이용한다. 다음 [그림 5.3]은 R_0의 값에 따른 수치결과의 차이를 보여주는 결과이다. 위의 예제를 그대로 사용하고 R_0의 값만 변화시켜 테스트하였다. $R_0 < 1$보다 작은 경우 감염병은 사라지고, $R_0 = 1$인 경우 감염병은 풍토병(endemic)으로 정의된다. 즉, 어떤 지역에 한정해서 지리적 혹은 기후적 요인으로 발생하고 확산하는 병이 된다. 예를 들어, 말라리아는 열대지방의 풍토병이다. 마지막으로, $R_0 > 1$인 경우 감염병은 유행성 전염병으로 구분된다. 감염자가 새로운 감염을 발생시켜 일정 비율로 질병이 존재하는 것을 의미한다.

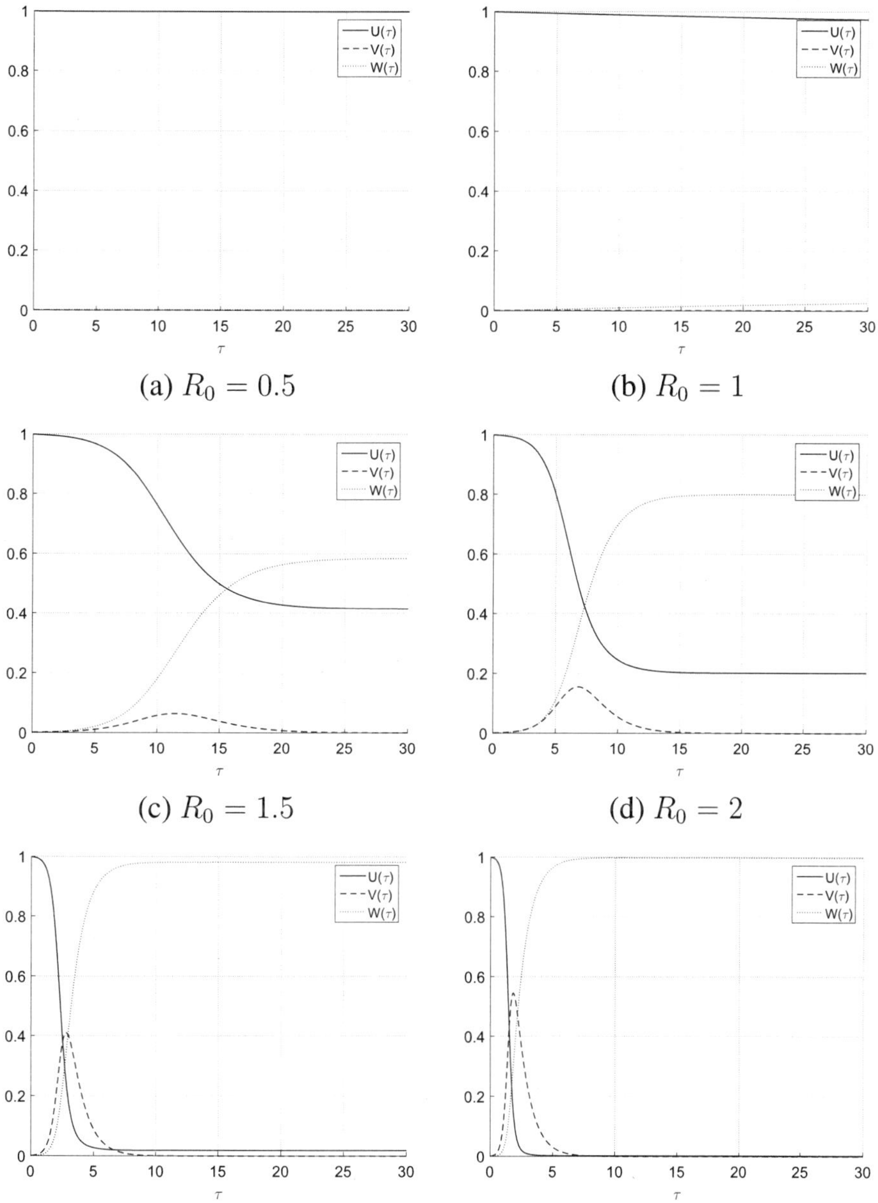

(a) $R_0 = 0.5$ (b) $R_0 = 1$

(c) $R_0 = 1.5$ (d) $R_0 = 2$

(e) $R_0 = 4$ (f) $R_0 = 6$

그림 5.3 기본감염재생산수 R_0에 따른 SIR 모델의 무차원 변수 U, V, W의 시간에 따른 결과.

제 6 장

대류확산방정식 (Convection-diffusion equation)

주요 참고자료:

[1] Avner Friedman and Walter Littman, Industrial mathematics, A Course in Solving Real-World Problems, SIAM, Philadelphia (1994).

대류확산방정식은 이름이 표현하는 그대로 대류방정식(convection equation)과 확산방정식(diffusion equation)의 결합으로 이루어진 식으로, 입자나 에너지 등과 같은 물리량의 대류와 확산으로 인한 움직임을 표현하는 방정식이다. 여기서 대류란 바람 등 외부 힘이나 움직임에 의해 물리량이 움직이는 것을 말하며, 확산이란 밀도나 농도 차이 등에 의하여 물질을 이루는 입자 등이 농도(밀도)가 높은 곳에서 낮은 쪽으로 퍼져나가는 것을 의미한다. 같은 표현으로 이류확산방정식(advection-diffusion equation)이 있다.

이 대류확산방정식의 실질적 활용의 대표적인 예로 공기질 모델링이 있다. 공장 매연이나 오존 문제 등과 같은 공기질은 전 세계적으로 중요한 사회적 이슈이며, 최근 황사나 미세먼지 문제가 잦아지면서 우리나라에서도 점차 관심이 높아지고 있다.

수학적인 관점에서 공기질이란, 대기 중 물질의 수송 및 운반, 확산, 그리고 물질들끼리의 화학적 반응으로 나누어 생각할 수 있다. 간단히 말하면 물질들 사이의 화학적인 변화가 없다고 가정한다면, 공기질 모델링은 앞에서 말한 두 가지 단계로 나눠서 생각할 수 있다 : (i) 대류와 (ii) 확산이다.

[그림 6.2]에서 상수 u의 속도로 물질(매연)이 흘러가고 있다고 하면 매연의 분포는 다음과 같은 식으로 나타낼 수 있다.

$$c(x,t) = c_0(x-ut), \tag{6.1}$$

여기서 $c_0(x)$는 $t=0$일 때 초기 농도의 분포이다. 식(6.1)의 양변을 x와 t로 각각 편미분하면 연쇄법칙(chain rule)에 의하여 아래와 같은 결과를 얻을 수 있다.

$$\begin{aligned}\frac{\partial c}{\partial x} &= c_0'(x-ut),\\ \frac{\partial c}{\partial t} &= c_0'(x-ut)(-u).\end{aligned}$$

이를 정리하면 다음과 같은 대류방정식을 얻게 된다.

$$\frac{\partial c}{\partial t}(x,t) + \frac{\partial (uc)}{\partial x}(x,t) = 0. \tag{6.2}$$

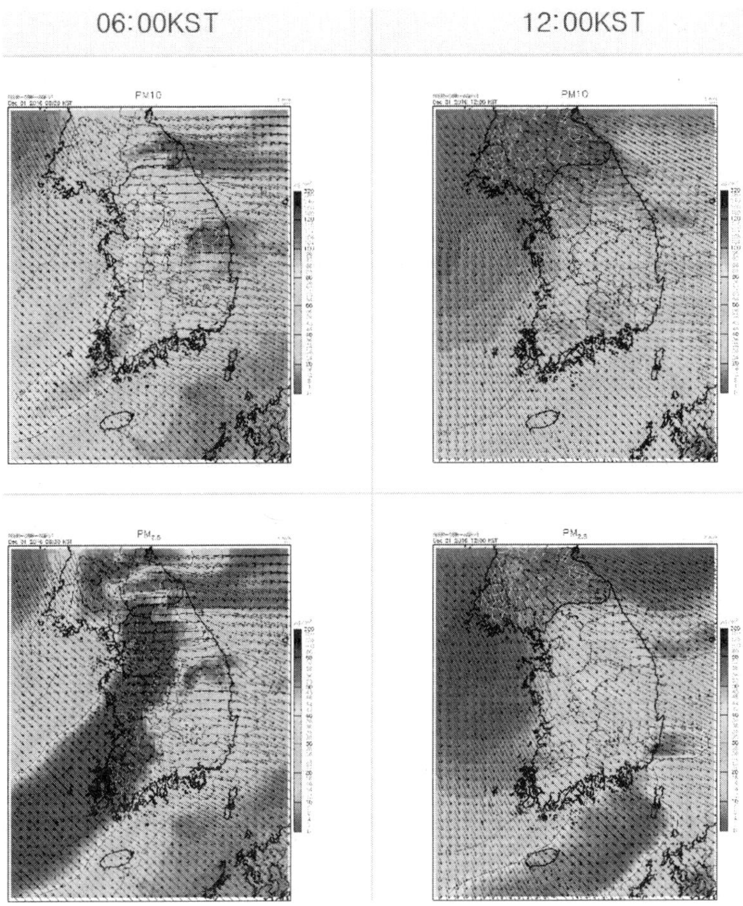

그림 6.1 대한민국 기상청 홈페이지 (http://www.airkorea.or.kr/dustForecast) 의 미세먼지 예보 [9]

한편, [그림 6.2]와는 다르게 외부의 간섭 없이 오직 농도 차이에만 영향을 받아 [그림 6.3]와 같이 시간에 따라 c가 주변으로 퍼지고 있다고

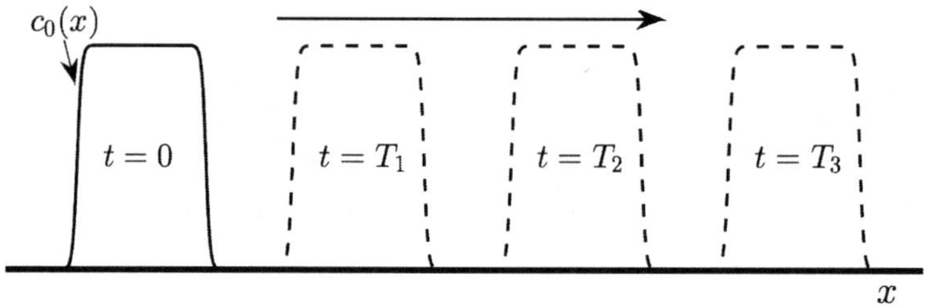

그림 6.2 물질의 대류에 대한 도식도

생각할 수 있다. 이런 경우에 다음과 같은 확산 방정식이 성립하게 된다.

$$\frac{\partial c}{\partial t}(x,t) = D\frac{\partial^2 c}{\partial x^2}(x,t).$$

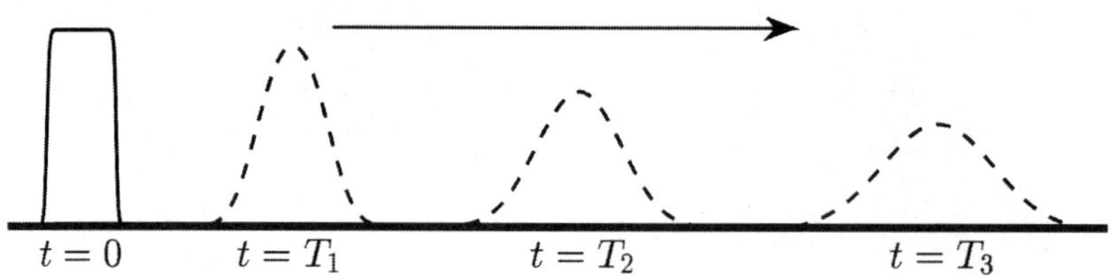

그림 6.3 물질의 확산에 대한 도식도

이제, 초깃값이 다음과 같이 주어진 예시를 살펴보자.

$$c(x,0) = \sin(2\pi x),$$

여기서, $c(0,t) = c(1,t)$, $(t > 0)$을 만족하는 주기적인 경계조건 (periodic boundary condition)이 사용됨을 알 수 있고, 해석해는 다음과

같다.

$$c(x,t) = e^{-(2\pi)^2 Dt}\sin(2\pi(x-ut)),$$

여기서, D는 확산계수이다. 이 해석해를 MATLAB 코드로 구현하면 시간이 지남에따라 초깃값이 어떻게 변화하는지 알 수 있다.

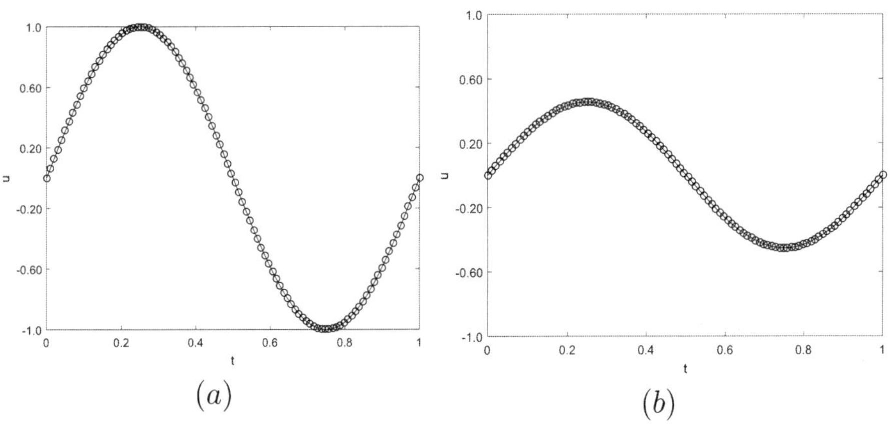

그림 6.4 (a) 초깃값, (b) 반복을 100번 했을 때 변화

MATLAB 6.0.1

```
clear; clf;
n=100;
x=linspace(0,1,n);
plot(x,sin(2*pi*x),'o-')
u=3; D=0.01;
m=100;
t=linspace(0,2,m);
```

```
for i=1:m

    plot(x,exp(-4*pi^2*D*t(i))*sin(2*pi*(x-u*t(i))),'ko-')
    axis([0 1 -1 1])
    pause(0.1)
end

figure(1)
plot(x,exp(-4*pi^2*D*t(1))*sin(2*pi*(x-u*t(1))),'ko-')

axis([0 1 -1 1])
set(gca,'XTick',[0 0.2 0.4 0.6 0.8 1.0])
set(gca,'XTickLabel',{'0'; '0.2'; '0.4'; '0.6'; '0.8'; '1'})
set(gca,'yTick',[-1.0 -0.60  -0.20  0.20 0.60 1.0])
set(gca,'yTickLabel',{'-1.0'; '-0.60'; '-0.20'; ...
    '0.20'; '0.60';  '1.0'})
xlabel('t'); ylabel('u')

figure(3)
plot(x,exp(-4*pi^2*D*t(m))*sin(2*pi*(x-u*t(m))),'ko-')

axis([0 1 -1 1])
set(gca,'XTick',[0 0.2 0.4 0.6 0.8 1.0])
set(gca,'XTickLabel',{'0'; '0.2'; '0.4'; '0.6'; '0.8'; '1'})
set(gca,'yTick',[-1.0 -0.60  -0.20  0.20 0.60 1.0])
set(gca,'yTickLabel',{'-1.0'; '-0.60'; '-0.20'; ...
```

```
    '0.20'; '0.60';  '1.0'})
xlabel('t'); ylabel('u')
```

다음으로, 식 (6.2)을 이산화하면 다음을 얻는다.

$$\frac{c_i^{n+1}-c_i^n}{\Delta t}+u\frac{c_{i+1}^n-c_{i-1}^n}{2h}=0,$$
$$c_i^{n+1}=c_i^n-u\frac{\Delta t}{2h}(c_{i+1}^n-c_{i-1}^n)$$

이를 바탕으로, 다음은 수치적으로 구현한 MATLAB 코드이다.

MATLAB 6.0.2

```
clear; clf
nx=100;
x=linspace(0,1,nx);
h=x(2)-x(1);
dt=0.1*h;
u=3;
m=100;
c(1:nx,1)=sin(2*pi*x); hold on
plot(x,c(:,1),'o-');

for k=1:m
    for i=2:nx-1
        c(i,k+1)=c(i,k)-u*dt/(2*h)*(c(i+1,k)-c(i-1,k));
    end
    c(1,k+1)=c(1,k)-u*dt/(2*h)*(c(2,k)-c(nx-1,k));
    c(nx,k+1)=c(1,k+1);
```

```
    plot(x,c(:,k+1),'k-');
    axis([0 1 -1 1])
    set(gca,'XTick',[0 0.2 0.4 0.6 0.8 1.0])
    set(gca,'XTickLabel',{'0'; '0.2'; '0.4'; ...
        '0.6'; '0.8'; '1'})
    set(gca,'yTick',[-1.0 -0.60  -0.20  0.20 0.60 1.0])
    set(gca,'yTickLabel',{'-1.0'; '-0.60'; '-0.20'; ...
        '0.20'; '0.60';  '1.0'})
    xlabel('t'); ylabel('u')
    pause(0.1)
end
```

$c(x,y,t)$와 $(u(x,y),v(x,y))$를 2차원 공간 (x,y)와 시간 t에서의 어떤 물질의 농도와 속도장이라고 하자. 그러면 일반적인 대류확산방정식은

$$\begin{aligned}\frac{\partial c(x,y,t)}{\partial t}+\frac{\partial}{\partial x}[u(x,y)c(x,y,t)]+\frac{\partial}{\partial y}[v(x,y)c(x,y,t)]\\=D\left[\frac{\partial^2 c(x,y,t)}{\partial x^2}+\frac{\partial^2 c(x,y,t)}{\partial y^2}\right]\end{aligned} \tag{6.3}$$

형태로 적을 수 있으며, 여기서 D는 확산계수이다. 시간 미분 항을 제외한 공간에 대한 미분항들의 의미에 대해 생각해보면, 먼저 식 (6.3)의 좌변의 u와 v에 대한 두 항이 대류(혹은 이류)에 대한 항이다. 강에서 생기는 물의 흐름이나 바람을 따라 이동하는 입자의 움직임을 담당한다. 각각 x방향, y방향으로의 움직임을 나타낸다. 그리고 우변에 있는 항은 확산에 대한 항이다. 다른 물리량의 유동이 아닌 자기 스스로의 농도

에만 영향을 받으며, 비교적 많은 양이 모여 있는 곳에서부터 주변으로 물리량이 퍼져나가는 움직임을 담당한다.

6.1 수치해법

식 (6.3)의 수치해법에 대하여 알아보도록 하자. 대류에 관한 항과 확산에 관한 항에 대해서 적용 가능한 방법론은 매우 다양하지만, 우리는 그 중 가장 간단한 방법인 중앙 차분(centered difference)과 명시적 유한차분법(explicit finite difference method)을 적용한 결과에 대해서 보도록 하겠다. 명시적 유한차분법은 초깃값 문제, 특히 확산방정식에 대한 유한차분법에서 시간 미분항에 대해 중앙 차분을 적용한 방법이다. 명시적 유한차분법은 안정성이나 정확도 면에서 다소 한계가 있을 수 있으나 적용하기가 쉽고 계산 과정이 빠르고 간단하다는 장점이 있다.

$\Omega = (0,1) \times (0,1)$ 이라 하자. 이산화된 정의역 $\Omega_h = \{(x_i, y_j) | x_i = (i-0.5)h, y_j = (j-0.5)h, 1 \le i \le N_x, 1 \le j \le N_y\}$ 위에 정의된 $c_{ij}^n = c(x_i, y_j, n\Delta t)$, $u_{ij} = u(x_i, y_j)$, 그리고 $v_{ij} = v(x_i, y_j)$에 대하여 식 (6.3)에 명시적 유한차분법을 적용하면

$$\begin{aligned} c_{ij}^{n+1} =& c_{ij}^n - \Delta t \left[\frac{(cu)_{i+1,j}^n - (cu)_{i-1,j}^n}{2h} + \frac{(cv)_{i,j+1}^n - (cv)_{i,j-1}^n}{2h} \right. \\ & \left. + D\frac{\Delta t}{h^2} \left(c_{i+1,j}^n + c_{i,j+1}^n - 4c_{ij}^n + c_{i-1,j}^n + c_{i,j-1}^n \right) \right]. \end{aligned} \tag{6.4}$$

경계조건은 다음과 같이 노이만(Neumann) 경계조건을 사용한다.

$$c_{0j} = c_{1j},\ c_{N_x+1,j} = c_{N_xj},\ 1 \le j \le N_y, \tag{6.5}$$

$$c_{i0} = c_{i1},\ c_{i,N_y+1} = c_{iN_y},\ 1 \le i \le N_y. \tag{6.6}$$

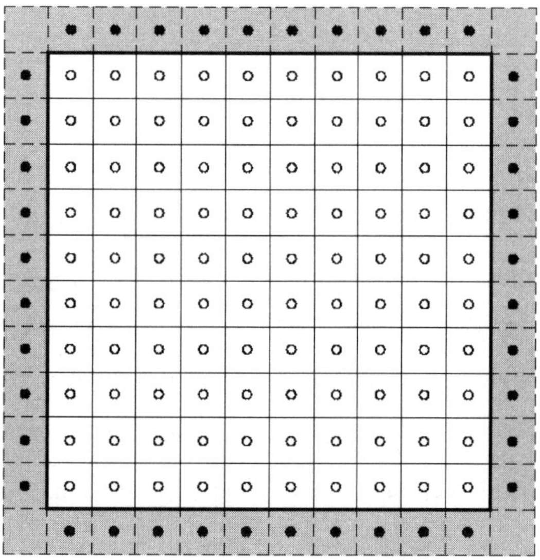

그림 6.5 검은색 색칠된 점들이 ghost 점들이다.

6.2 수치실험

이 절에서는 2차원 공간 위에서의 대류확산방정식의 예제를 수치 시뮬레이션을 통하여 풀어보고 그 결과를 관찰해 보도록 하자. 정의역

$\Omega = (0,1)^2$ 위에서 노이만 경계 조건(Neumann boundary condition)을 가지는 상황에서 다음과 같은 초기 농도 함수 $c(x,y,0)$ 와 속도장 벡터를 가정하자. 이는 [그림 6.6]과 같이 영역의 중심을 기준으로 전 영역에서 크기가 1을 가지는 회전하는 소용돌이 모양의 벡터장을 그리게 된다.

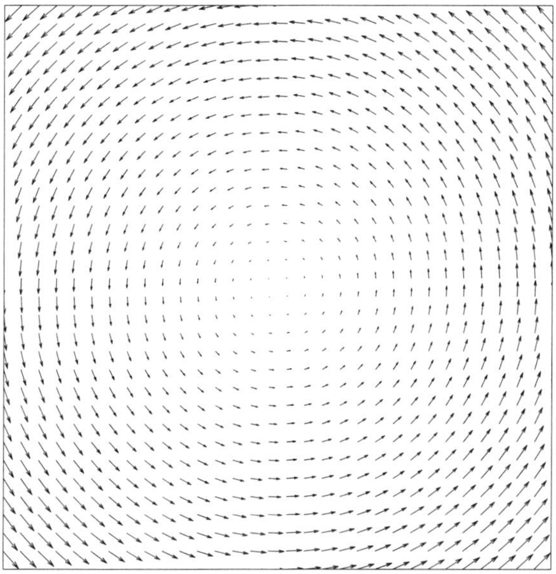

그림 6.6 속도장 벡터

$$
\begin{aligned}
c(x,y,0) =& \frac{1}{2} + \frac{1}{2}\tanh\left(\frac{0.1^2 - (x-0.7)^2 - (y-0.5)^2}{0.005}\right), \\
u(x,y) =& -(y-0.5), \\
v(x,y) =& x - 0.5
\end{aligned}
$$

[그림 6.7]은 위 상황에 대한 수치시뮬레이션의 결과이다. 이 때, 매개변수로 $h = 1/64$, $D = 0.001$, 그리고 $\Delta t = 0.1h^2$를 사용하였다.

시간이 지남에 따라 농도 c의 분포가 주변으로 점점 퍼지고, 동시에 소용돌이 모양의 벡터장을 따라서 점점 회전하고 있음을 알 수 있다.

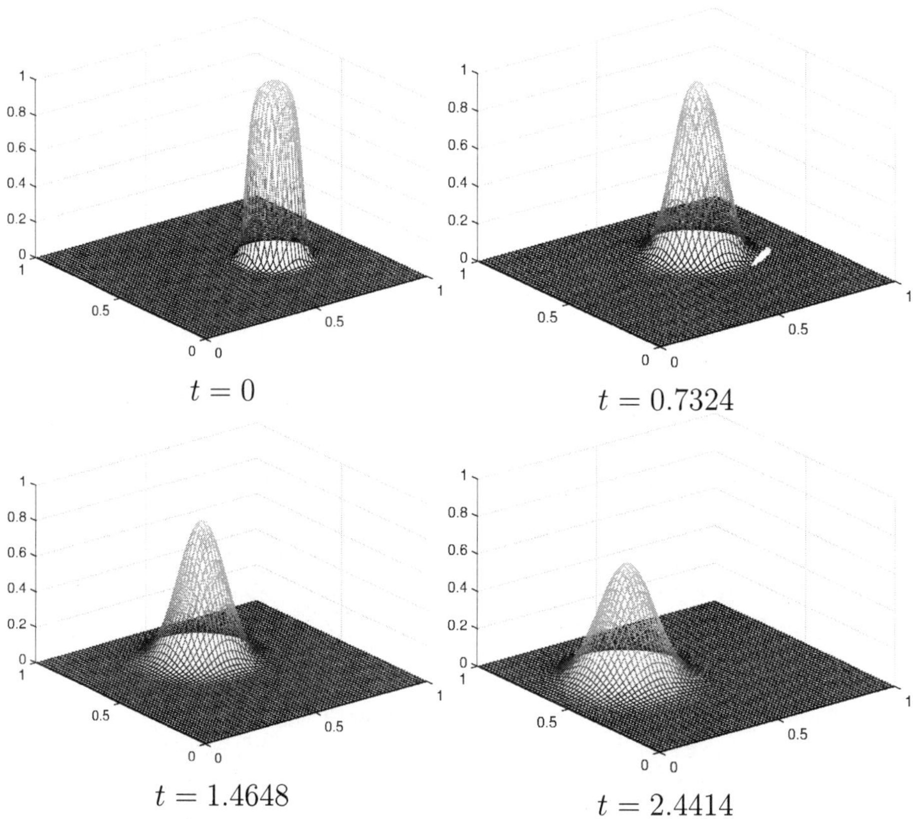

그림 6.7 대류확산방정식에 대한 수치시뮬레이션 결과. 시간에 따른 c의 분포를 나타내고 있다. 시간에 따른 mesh 결과.

6.3 부록

본문에서 실행한 시뮬레이션을 위한 MATLAB 코드를 첨부하였다.

MATLAB 6.3.1

```
clear; close all; nx=64; ny=nx; xleft=0; xright=1;
yleft=0; yright=ny/nx*xright; h=(xright-xleft)/nx;
h2=h^2; D=0.001; count=1;
x=linspace(xleft-0.5*h,xright+0.5*h,nx+2);
y=linspace(yleft-0.5*h,yright+0.5*h,nx+2);
max_it=100000; ns=max_it/10; dt=0.1*h2;
% initialization
c=zeros(nx+2,ny+2); nc=c; cc=c; u=c; v=c;
for i=1:nx+2
for j=1:ny+2
 c(i,j)=0.5+0.5*tanh( (0.01-(x(i)-0.7*(xright-xleft)).^2 ...
        -(y(j)-0.5*(yright-yleft)).^2)/0.005 );
 u(i,j)=-(y(j)-0.5*(yright-yleft));
 v(i,j)=x(i)-0.5*(xright-xleft);
end
end
[yy xx] = meshgrid(x(2:end-1),y(2:end-1));
quiver(xx,yy,u(2:end-1,2:end-1),v(2:end-1,2:end-1))
count=count+1;
for it=1:max_it
```

```
    fprintf('iteration = %d \n',it)
    c(1,:)=c(2,:); c(end,:)=c(end-1,:);
    c(:,1)=c(:,2); c(:,end)=c(:,end-1);
    for i=2:nx+1
    for j=2:ny+1
     nc(i,j)=c(i,j)-dt*(c(i+1,j)*u(i+1,j) ...
           -c(i-1,j)*u(i-1,j)+c(i,j+1)*v(i,j+1) ...
           -c(i,j-1)*v(i,j-1) )/(2.0*h) ...
           +dt*D*(c(i+1,j)+c(i-1,j)-4.0*c(i,j) ...
                +c(i,j+1)+c(i,j-1))/h2;
    end
    end
    c=nc;
    if (mod(it,ns) == 0 || it==1)
        for i=2:nx+1
            for j=2:ny+1
                cc(i-1,j-1)=c(i,j);
            end
        end
figure(count)
mesh(x(2:end-1),y(2:end-1),cc(2:end-1,2:end-1)');
axis([0 1 0 1 -0.1 1])
count=count+1;
    end
end
```

6.4 결론

이 장에서 우리는 2차원 대류확산방정식에 대해 명시적 유한차분법과 중앙차분을 적용한 수치적 해법을 얻기 위한 방법에 대하여 논하였다. 특정한 조건 하에서의 대류확산방정식의 수치적 시뮬레이션을 진행하고 그에 대한 결과를 제공하였다. 마지막으로, 관심 있는 독자들이 각자의 목적에 맞게 수정할 수 있도록 수치 시뮬레이션에 대한 소스코드를 제공하였다.

참고 문헌

[1] F. Brauer, C. Castillo-Chavez, C. Castillo-Chavez, Mathematical models in population biology and epidemiology, New York: Springer, Vol. **40**, 2001.

[2] T. Chan and L. Vese, Active contours without edges, IEEE Trans. Image Process. **10**(2) (2001) 266–277.

[3] D.J. Daley and J. Gani, Epidemic Modeling: An Introduction. NY: Cambridge University Press. (2005).

[4] K. Gustafson and K. Halasi, Cavity flow dynamics at higher Reynolds number and higher aspect ratio, J. Comput. Phys. **70**(2) (1987), 271–283.

[5] Y. Li and J. Kim, An unconditionally stable hybrid method for image segmentation, Appl. Numer. Math. **82** (2014) 32–43.

[6] D. Mumford and J. Shah, Optimal approximation by piecewise smooth functions and associated variational problems, Commun. Pure Appl. Math., **14** (1989) 577–685.

[7] S. Osher and J. A. Sethian. Fronts propagating with curvature-dependent speed: Algorithms based on Hamilton-Jacobi formulations, J. Comput. Phys., Vol. **79**, No.1, 12–49, 1988. p

[8] W. Piyawong, E.H. Twizell, A.B. Gumel. An unconditionally convergent finite-difference scheme for the SIR model, Applied Mathematics and Computation **146**. 2 (2003): 611–625.

[9] http://www.airkorea.or.kr/dustForecast/

[10] http://www.google.com/finance

[11] https://www.miraeassetdaewoo.com/

■ **대표 저자 약력**

김영록

현재 한국외국어대학교 교육대학원 수학교육전공 교수.
서울대학교를 졸업하고 미국 시카고대학에서 석사학위와 박사 수료를 하였다.
(주)재능교육부설연구소에서 근무하면서 다양한 종류의 수학 교재를 만들었으며, 2003년 서울대학교에서 박사 학위를 취득하였다. 한국텍학회 학회장, 한국수학교육학회 교육이사, 대한수학회 수학회보 편집위원, 한국수학교육학회 저널 B 편집위원, 저널 E 편집위원장 등을 역임하였으며, 세계수학자대회(ICM 2014) 편집위원으로 참여했다.
저서로는『수학의 이해』,『수학의 이해 워크북』,『파생상품 프로그래밍』 등이 있으며, 역서로는『선형대수학』,『선형대수학과 응용』,『상황 속의 미적분학』,『수치해석학』 등이 있다.

김준석

고려대학교 수학교육과와 서울대학교 수학과 대학원 졸업, University of Minnesota 수학과 대학원 (이학박사: 응용수학, computational fluid dynamics, 과학계산 전공)
University of California, Irvine 수학과에서 박사후연구원, 동국대학교 수학과 조교수를 역임하고, 현재 고려대학교 수학과 교수이다.

산업응용수학의 기본

지은이 김영록 · 김준석 · 유창우 · 이승규
정다래 · 최용호 · 허영진
펴낸이 조경희
펴낸곳 경문사
펴낸날 2017년 9월 1일 1판 1쇄
2018년 9월 1일 1판 2쇄
등 록 1979년 11월 9일 제 313-1979-23호
주 소 04057, 서울특별시 마포구 와우산로 174
전 화 (02) 332-2004 팩스 (02) 336-5193
이메일 kyungmoon@kyungmoon.com
facebook facebook.com/kyungmoonsa

값 10,000원

ISBN 979-11-6073-028-9